ATOU

6^{e}

MATHÉMATIQUES

Éric Roditi

NATHAN

ATOUTS, MODE D'EMPLOI

Première double page : savoir et savoir-faire

Le sujet de la séquence

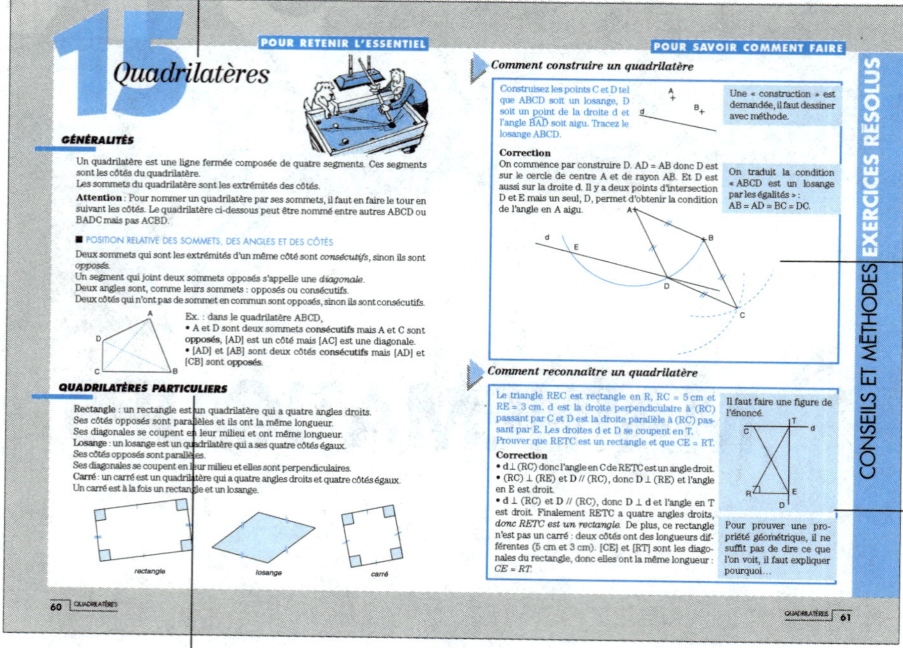

Des exercices résolus

Des conseils et méthodes

Les notions essentielles

Deuxième double page : entraînement et évaluation

Des exercices de difficulté progressive

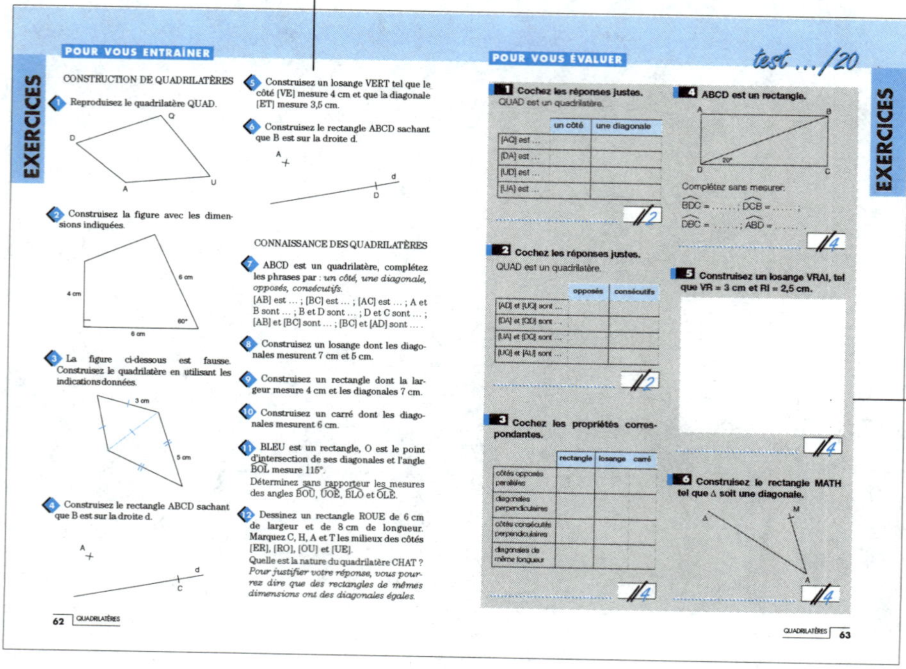

Un test d'évaluation

En fin d'ouvrage, les corrigés, avec des conseils, un mémento de géométrie et un lexique

SOMMAIRE

Conception graphique
– couverture : Atelier Gérard Finel
– intérieur : Jean-Pierre Jauneau

Illustrations : Paul Beaupère

Suivi éditorial : Odile Gandon
Coordination artistique : Thierry Méléard
Fabrication : Jacques Lannoy

ISBN 2.09.182640.5
9, rue Méchain - 75014 Paris

1 Nombres décimaux, conversion

ÉCRITURE DES NOMBRES DÉCIMAUX

■ CHIFFRE ET DÉCIMALE

Les dix chiffres (0, 1, 2,…, 9) permettent d'écrire tous les nombres décimaux (et en particulier tous les nombres entiers) grâce au système de numération décimale.

Ex. : le *nombre* 4 s'écrit à l'aide d'un seul *chiffre* : 4.

Si l'écriture d'un nombre décimal comporte des chiffres à droite de la virgule, ces chiffres sont *les décimales*.

■ SYSTÈME DE NUMÉRATION DÉCIMALE

Dans l'écriture décimale, la valeur d'un chiffre dépend de la position qu'il occupe dans l'écriture du nombre.

Ex. : 152,43
Le 5 vaut cinq dizaines c'est-à-dire cinquante unités, c'est le *chiffre* des dizaines de 152,43.
Le 4 vaut quatre dixièmes d'unité, c'est le *chiffre* des dixièmes de 152,43.
Le *nombre* de dizaines de 152,43 est 15 ;
152,43 est compris entre 15 et 16 dizaines.

CONVERSION D'UNITÉS

■ UNITÉ PRINCIPALE, MULTIPLES ET SOUS-MULTIPLES

• L'unité principale de longueur est le mètre (m).
Les multiples sont 10, 100, 1 000… fois plus grands (dam, hm, km…) ;
les sous-multiples sont 10, 100, 1 000… fois plus petits (dm, cm, mm…).

• L'unité principale d'aire est le mètre carré (m^2).
Les multiples sont 10^2, 100^2, $1\,000^2$… fois plus grands (dam^2, hm^2 ou ha, km^2…) ;
les sous-multiples sont 10^2, 100^2, $1\,000^2$… fois plus petits (dm^2, cm^2, mm^2…).

Règle : Pour calculer une aire ou un périmètre, les longueurs doivent être exprimées avec la même unité.

■ MESURE DES DURÉES

Les durées se mesurent en heures (h), minutes (min) et secondes (s).
Une heure et 60 minutes expriment la même durée.
Une minute et 60 secondes expriment la même durée.

Comment écrire un nombre décimal

1) Écrivez avec la notation décimale :
dix-huit et cinq centièmes,
cent vingt-quatre et treize millièmes.
2) Écrivez en toutes lettres :
10,01 et 100,1.

Pour chaque chiffre, vous devez savoir relier sa valeur et sa position dans l'écriture du nombre

Correction

Avant la correction, voici le tableau indiquant la valeur correspondant à chaque position.

partie entière									partie décimale				
classe des millions			classe des milliers			classe des unités							
c	d	u	c	d	u	c	d	u	*d*	*c*	*m*	…	…

u : unités ; d : dizaines ; c : centaines ;
d : dixièmes ; *c* : centièmes ; *m* : millièmes…

1) dix-huit et cinq centièmes : 18,05.
cent vingt-quatre et treize millièmes : 124,013.

2) 10,01 : dix et un centième.
100,1 : cent et un dixième.

5 centièmes, c'est 0 dixième et 5 centièmes.
13 millièmes, c'est 0 dixième, 1 centième et 3 millièmes.

Comment convertir une longueur

Pour se rendre en classe, Maud marche 350 m jusqu'à l'arrêt d'autobus, elle parcourt 1,2 km en bus puis marche encore 50 m pour arriver à la porte du collège. Calculez la longueur en km de son trajet.

Correction

Afin d'additionner ces longueurs, on les convertit en km.
Un kilomètre correspond à mille mètres, donc un mètre correspond à un millième de kilomètre.
Ainsi, 350 m correspondent à 350 millièmes de km. On écrit : 350 m = 0,35 km.
De même on écrit : 50 m = 0,05 km.
On calcule ensuite la somme des longueurs : 1,2 + 0,35 + 0,05 = 1,6.
La longueur du trajet de Maud est 1,6 km.

350 millièmes = 0,350 = 0,35.
50 millièmes = 0,050 = 0,05.

POUR VOUS ENTRAÎNER

EXERCICES

1 Écrivez avec la notation décimale.
Treize mille et sept dixièmes.
Cent deux et quinze centièmes.
Douze et quatre-vingts millièmes.
Mille huit cent trente-cinq dixièmes.

2 Écrivez en toutes lettres.
125,3 ; 5,5 ; 0,07 ; 1 200,04.

3 Écrivez le chiffre des dixièmes des nombres suivants :
3,14 ; 1,732 ; 0,6931 ; 2,718 ; 18.
Trente-sept centièmes, huit et soixante-douze millièmes ; six cent quatre centièmes.

4 Écrivez le nombre de dixièmes des nombres suivants :
1 ; 23 ; 23,5 ; 5,05 ; 70,36 ; 1,414 ; 0,07.

5 Écrivez le chiffre des centaines des nombres suivants :
541,12 ; 98 752,145 ; 23,65 ; 8 453.
Mille deux cent douze ; six cent vingt et un ; quatre-vingt mille quatre-vingts.

6 Écrivez le nombre de millièmes des nombres suivants :
1 ; 0,556 ; 0,648 ; 3,1415 ; 2,7183 ; 0,0004.
Dix-huit millièmes ; vingt-trois centièmes ; sept et cent douze dix-millièmes.

7 La consommation en France.
Voici un tableau indiquant, en milliards de francs, les dépenses des Français en 1992. Dressez le même tableau en donnant les valeurs en millions de francs.

Alimentation, boisson, tabac	793,7855
Habillement	261,65
Santé	419,1247
Loisir, culture	322,2

8 Le commerçant affiche 3 F 75 quand le professeur de mathématiques écrit 3,75 F.

Complétez le tableau :

commerçant	professeur
2 F 50	
	4,35 F
12 F 05	
	7,2 F
4 F 80	

9 Conversions de longueurs.

km	m	cm	mm
	35		
0,065			
		352	

10 Conversions de masses.

t	kg	hg	g
	7,5		
0,45			
			850

11 Conversions d'aires.
Rappel : 1 ha correspond à 1 hm^2

ha	m^2	cm^2
	120	
12		40

12 Conversions de durées.

h min s	h	min	s
		94,5	
1 h 2 min 6 s			
	2,75		

1 Complétez le tableau

nombre	chiffre des centaines	chiffre des dixièmes	nombre de dizaines
1 245,17			
53,689			
7,05			

.... /3

2 Associez les écritures du même nombre.

trente et un centièmes	•	•	310
trente et un centième	•	•	0,31
trente et une dizaines	•	•	30,01
trente et un dixième	•	•	30,1

.... /2

3 Devinette.

Je suis un nombre entier, mon nombre de centaines est 17, on obtient mon chiffre des dizaines en ajoutant mon chiffre des centaines et mon chiffre des milliers, mon chiffre des unités est « tout nouveau ». Qui suis-je ?

....

....

....

.... /3

4 Les cotes en dessin industriel.

Vous l'avez peut-être déjà vu au cours de technologie, le mot *cote* signifie aussi longueur. Dans l'industrie, les dessinateurs utilisent le mm comme unité de longueur.
Écrivez les longueurs en mm :

7,5 cm ....

45,155 dm ....

2,125 m ....

83 cm ....

.... /4

5 Jusqu'à la piscine.

Pour aller à la piscine avec Philippe, Raphaël parcourt 450 m de chez lui jusque chez son ami. Ils se rendent ensuite à l'arrêt d'autocar qui est à 200 m de chez Philippe. La distance parcourue en car est de 2,5 km.

Sachant que l'autocar s'arrête à 30 m de la piscine, calculez la longueur du trajet de Raphaël. Vous exprimerez cette longueur en km.

....

....

....

....

.... /4

6 Morgane doit changer sa montre.

La montre de Morgane possède un affichage à cristaux liquides, qui indique parfois des heures curieuses. Quand elle part au collège à 8 h 15, elle n'affiche pas 8 h 15 min 0 s, mais 7 h 75 min 0 s !
Voici ce qu'indique sa montre :

07 : 75 : 00

Écrivez l'affichage normal :

La montre de Morgane	Une autre montre
08 : 05 : 75	
12 : 82 : 25	
17 : 95 : 84	
23 : 72 : 83	

.... /4

POUR RETENIR L'ESSENTIEL

2 Notion de fraction

DÉNOMINATEUR, NUMÉRATEUR, FRACTION

Sur le dessin, l'unité est représentée par le grand rectangle.
L'unité est partagée en 5 parties identiques.
Chaque partie s'appelle un *cinquième.*

La fraction $\frac{2}{5}$ indique qu'on a pris deux cinquièmes de l'unité.

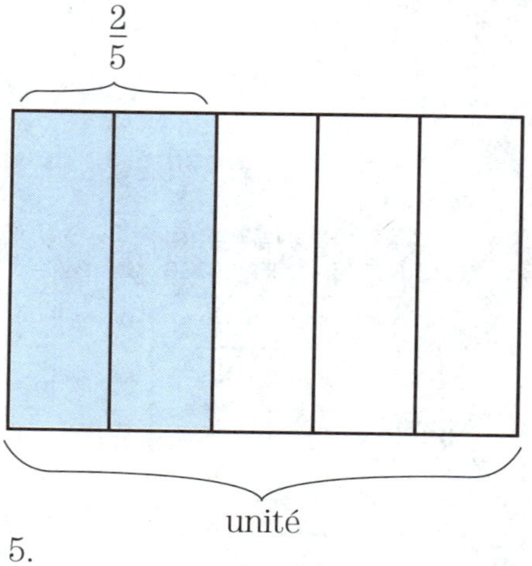

5 est le *dénominateur,* il indique le nom de chaque partie.
2 est le *numérateur,* il indique le nombre de parties identiques.

La fraction $\frac{2}{5}$ est une écriture du quotient $2 \div 5$.

ÉCRITURES FRACTIONNAIRES

$\frac{4}{10} = \frac{2}{5}$

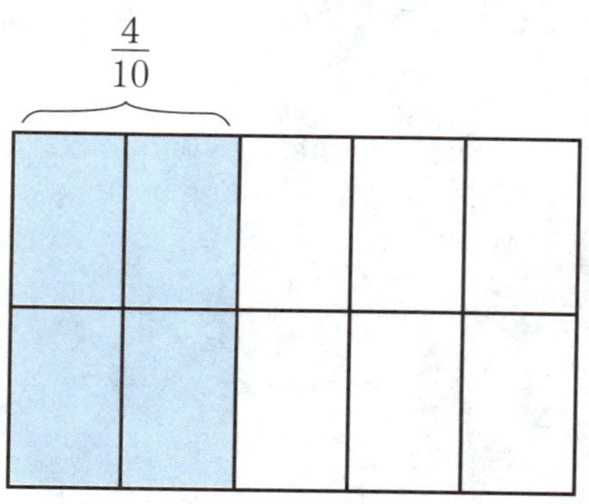

Ces deux fractions sont deux écritures différentes du même nombre. Elles expriment la même quantité, elles ont la même valeur. On dit qu'elles sont égales.

Règle : On ne modifie pas la valeur d'une fraction en multipliant ou en divisant son numérateur et son dénominateur par un même nombre non nul.

$\frac{2}{5} = \frac{2 \times \mathbf{2}}{5 \times \mathbf{2}} = \frac{4}{10}$ ou $\frac{4}{10} = \frac{4 \div \mathbf{2}}{10 \div \mathbf{2}} = \frac{2}{5}$.

■ DIVISIBILITÉ

Un nombre entier est divisible par 2 si son chiffre des unités est 0, 2, 4, 6 ou 8.
Un nombre entier est divisible par 5 si son chiffre des unités est 0 ou 5.
Un nombre entier est divisible par 3 si la somme de ses chiffres est un multiple de 3.
Un nombre entier est divisible par 9 si la somme de ses chiffres est un multiple de 9.

Comment reconnaître une fraction

Indiquer quelle fraction de l'aire du rectangle est coloriée.

Fig. 1 Fig. 2 Fig. 3

Pour reconnaître une fraction, il faut compter le nombre total de parties identiques, ce nombre est le dénominateur. Il faut ensuite compter le nombre de parties coloriées, ce nombre est le numérateur.

Correction

Figure 1. Deux carrés identiques sur six sont coloriés donc la partie coloriée représente $\frac{2}{6}$ de l'aire du rectangle.

Les fractions $\frac{2}{6}$ et $\frac{1}{3}$ sont égales.

Remarquez qu'on aurait pu écrire qu'une « ligne » sur trois est coloriée donc que la partie coloriée représente $\frac{1}{3}$.

Figure 2. Une colonne sur quatre est coloriée, la fraction représentée est $\frac{1}{4}$.

Figure 3. Le rectangle est partagé en huit parties identiques, quatre d'entre elles sont coloriées donc la fraction représentée est $\frac{4}{8}$. On aurait pu écrire qu'une partie sur deux est coloriée.

Les fractions $\frac{4}{8}$ et $\frac{1}{2}$ sont égales.

Comment changer l'écriture d'une fraction

Écrire en dixièmes : $\frac{3}{5}$ et $\frac{7}{2}$.

Simplifier : $\frac{12}{9}$ et $\frac{5}{35}$.

Remarquez qu'en multipliant le numérateur et le dénominateur par le même nombre 2, on obtient deux fois plus de parties mais qui sont deux fois plus petites. On n'a donc pas changé la quantité.

Correction

$\frac{3}{5} = \frac{3 \times \mathbf{2}}{5 \times \mathbf{2}} = \frac{6}{10}$ et $\frac{7}{2} = \frac{7 \times \mathbf{5}}{2 \times \mathbf{5}} = \frac{35}{10}$.

$\frac{12}{9} = \frac{4 \times \mathbf{3}}{3 \times \mathbf{3}} = \frac{4}{3}$ et $\frac{5}{35} = \frac{1 \times \mathbf{5}}{7 \times \mathbf{5}} = \frac{1}{7}$.

Diviser le numérateur et le dénominateur par un même nombre non nul, c'est simplifier la fraction.

POUR VOUS ENTRAÎNER

EXERCICES

1 Quelle fraction de la longueur du segment [AB] représente la longueur AM ?

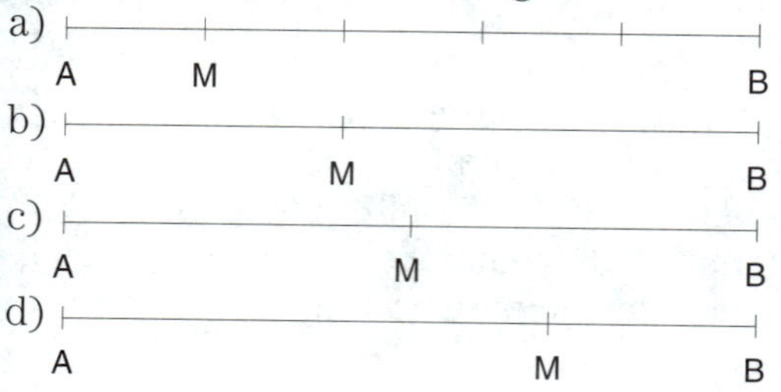

2 Quelle fraction de l'aire du rectangle représente la partie coloriée ?

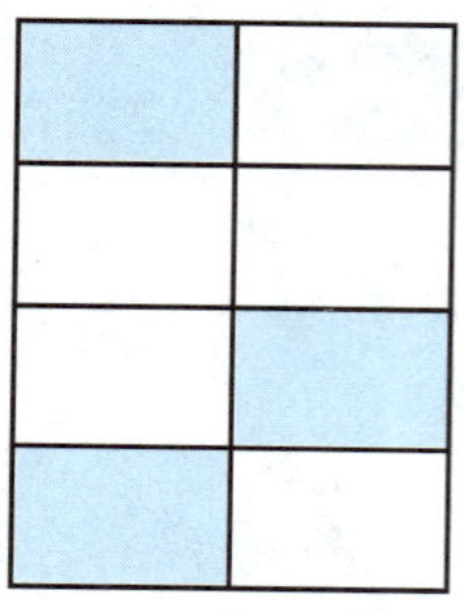
a)

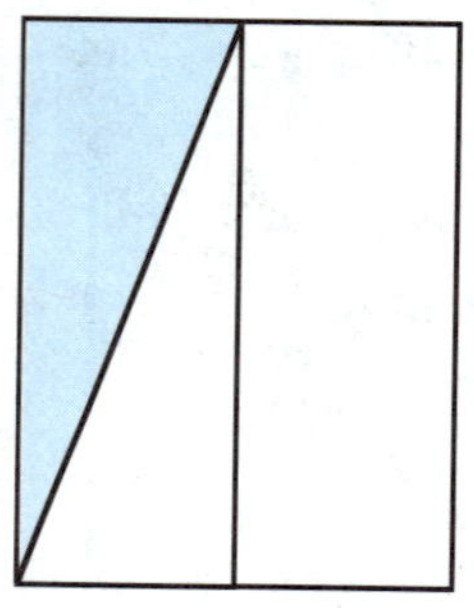
b)

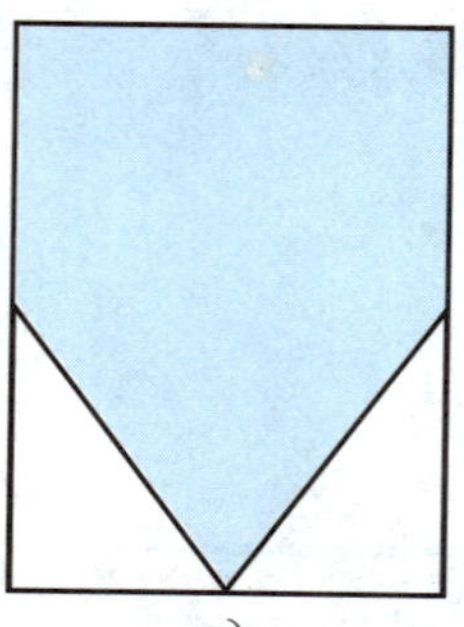
c)

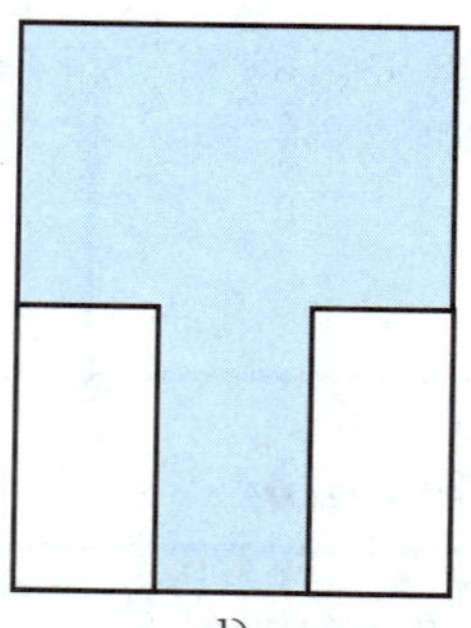
d)

3 Quelle fraction de l'aire du disque représente l'aire coloriée ?

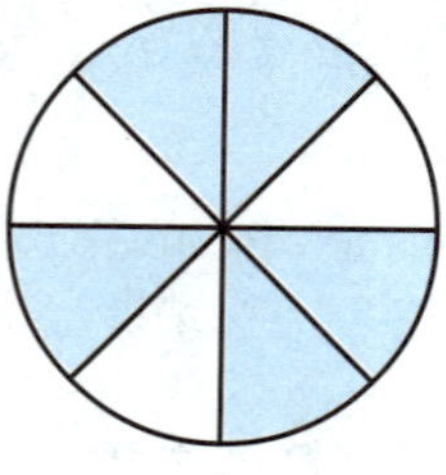
a)

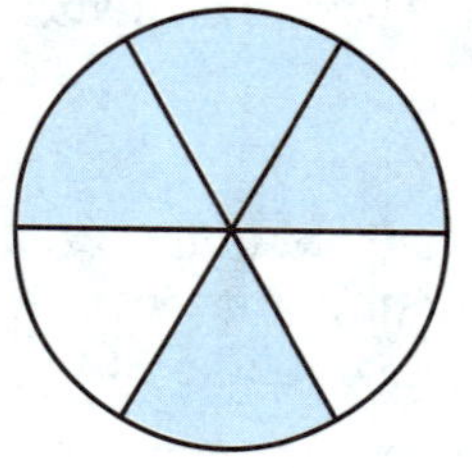
b)

4 Remplacez les pointillés par une fraction.

$7 \times \cdots = 1$; $4 \times \cdots = \frac{4}{7}$;

$\frac{5}{8} + \cdots = 1$; $\cdots \times 6 = 1$;

$\cdots + \frac{3}{10} = 2$; $\frac{13}{9} - \cdots = 1$.

5 Remplacez les pointillés par un entier.

$\frac{1}{2} = \frac{\cdots}{14} = \frac{8}{\cdots} = \frac{\cdots}{50}$; $\frac{7}{5} = \frac{\cdots}{10} = \frac{28}{\cdots} = \frac{\cdots}{40}$;

$\frac{\cdots}{12} = \frac{3}{4} = \frac{60}{\cdots} = \frac{\cdots}{60}$; $\frac{40}{\cdots} = \frac{\cdots}{36} = \frac{8}{12} = \frac{\cdots}{3}$.

6 Rayez les nombres qui ne sont pas divisibles par 5.

12 ; 15 ; 125 ; 780 ; 702 ; 605 ; 41 ; 52 ; 23.

7 Rayez les nombres qui ne sont pas divisibles par 3.

54 ; 98 ; 1 251 ; 561 ; 414 ; 303 ; 456 ; 564.

8 Entourez les nombres qui sont divisibles à la fois par 2 et par 3.

12 ; 56 ; 189 ; 198 ; 456 ; 654 ; 750 ; 507.

9 Entourez les nombres divisibles par 5 ou par 3.

845 ; 357 ; 124 ; 710 ; 506 ; 744 ; 1 253 ; 675.

Attention au sens de « ou » en mathématiques : vous devez entourer les nombres divisibles par 5, par 3, y compris ceux qui sont divisibles à la fois par 5 et par 3.

10 Simplifiez les fractions suivantes.

$\frac{12}{10}$; $\frac{21}{15}$; $\frac{40}{25}$; $\frac{28}{20}$; $\frac{24}{27}$; $\frac{5}{15}$.

test .../20

1 Complétez.

$\frac{3}{8}$ •	• Fig. A
$\frac{3}{4}$ •	• Fig. B
$\frac{4}{9}$ •	• Fig. C
$\frac{3}{5}$ •	• Fig. D

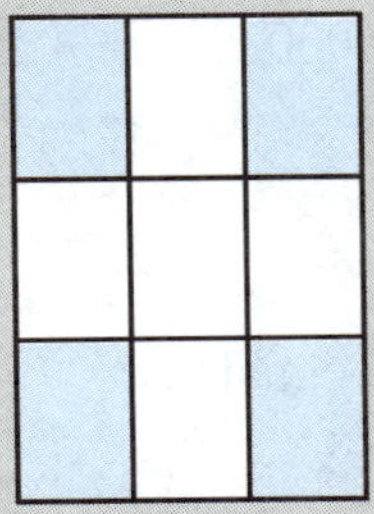

Fig. A

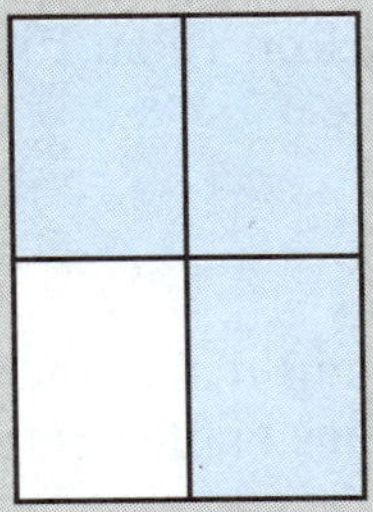

Fig. B

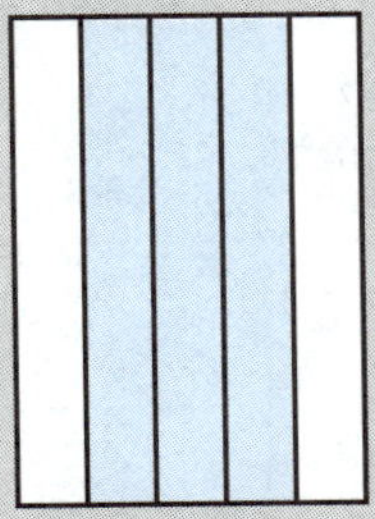

Fig. C

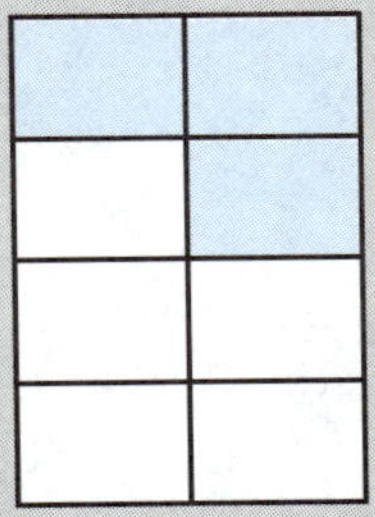

Fig. D

/5

2 Entourez la bonne fraction.

Le gâteau d'anniversaire de Roman a été partagé en huits parts identiques. Roman et ses quatre amis ont pris chacun une part de gâteau et le chien gourmand a mangé ce qu'il restait. Entourez la fraction qui représente la part du chien.

$\frac{1}{4}$ $\frac{2}{8}$ $\frac{3}{4}$ $\frac{3}{8}$ $\frac{1}{8}$

/3

3 Associez à chaque durée en minutes la fraction d'heure qui lui est égale.

30 min •	• $\frac{1}{2}$ h
15 min •	• $\frac{1}{3}$ h
10 min •	• $\frac{1}{4}$ h
12 min •	• $\frac{1}{5}$ h
20 min •	• $\frac{1}{6}$ h

/5

4 Par quel nombre sont-ils divisibles ? Répondez en cochant les cases correspondantes.

	2	3	5	7	9
30	X	X	X		
48	X				
351					
210					
630					

/4

5 Simplifiez

$\frac{12}{20}$ = ... $\frac{3}{5}$

$\frac{15}{24}$ = ... $\frac{5}{8}$

$\frac{30}{25}$ = ... $\frac{6}{5}$

$\frac{18}{63}$ = ... $\frac{2}{7}$

/4

POUR RETENIR L'ESSENTIEL

3 Fractions et décimaux

ÉCRITURE FRACTIONNAIRE ET ÉCRITURE DÉCIMALE

■ FRACTION DÉCIMALE

Une fraction décimale a pour dénominateur 1 ou 10 ou 100 ou 1 000…

■ DÉCIMAL

Un décimal – ou nombre décimal – est la valeur d'une fraction décimale ; c'est un nombre entier d'unités ou de dixièmes ou de centièmes…

$\frac{8}{5}$ est un décimal car $\frac{8}{5} = \frac{16}{10} = 1{,}6 = 16$ dixièmes.

écriture décimale → 3,15 ; *fraction décimale* → $\frac{315}{100}$

$$3{,}15 = 3 + \frac{15}{100} = \frac{300}{100} + \frac{15}{100} = \frac{315}{100}.$$

La **partie entière** de 3,15 est 3.
La **partie décimale** de 3,15 est 15.

Attention : la valeur de la partie décimale est $0{,}15 = \frac{15}{100}$.

CHANGEMENT D'ÉCRITURE

■ DE LA FRACTION DÉCIMALE À L'ÉCRITURE DÉCIMALE

$$\frac{8\,504}{100} = \frac{8\,500}{100} + \frac{4}{100} = 85 + \frac{4}{100} = 85{,}04.$$

■ DE L'ÉCRITURE DÉCIMALE À LA FRACTION DÉCIMALE

$$7{,}12 = 7 + \frac{12}{100} = \frac{700}{100} + \frac{12}{100} = \frac{712}{100}.$$

Comment passer de l'écriture décimale à une fraction décimale.

Écrivez les nombres suivants avec une fraction décimale :
a) 0,15 ; b) 3,4.

Correction
a) On lit la valeur de la partie décimale, le 5 est dans la colonne des centièmes, donc le dénominateur 100 pourra être choisi. $0{,}15 = \frac{15}{100}$.

b) Même principe, la partie décimale vaut 4 dixièmes donc le dénominateur 10 pourra être choisi pour écrire la fraction décimale. $3{,}4 = \frac{34}{10}$.

On pouvait aussi écrire $3{,}4 = \frac{340}{100} = \frac{3\,400}{1\,000}$…

Remarque générale : il n'y a qu'une écriture décimale mais plusieurs écritures fractionnaires.

On a trouvé $0{,}15 = \frac{15}{100}$ mais on sait qu'on peut changer le dénominateur et le numérateur d'une fraction sans changer sa valeur – en les multipliant par le même nombre – ainsi, on aurait pu écrire $0{,}15 = \frac{150}{1\,000}$.

Comment passer d'une fraction décimale à l'écriture décimale.

Donnez l'écriture décimale des nombre suivants :
a) $\frac{37}{1\,000}$; b) $\frac{504}{10}$; c) $\frac{450}{100}$.

Correction
a) On place mentalement 37 millièmes dans le tableau d'écriture des nombres décimaux : la colonne des millièmes est la troisième de la partie décimale, c'est dans cette colonne que doit se trouver le 7.

$\frac{37}{1\,000} = 0{,}037$.

b) De même, on place le 4 dans la colonne des dixièmes,

$\frac{504}{10} = 50{,}4$.

c) Même méthode mais il faut supprimer le zéro de la colonne des centièmes qui n'est pas utile :

$\frac{450}{100} = 4{,}50 = 4{,}5$.

Rappelez-vous le tableau d'écriture des décimaux. Le dernier chiffre du numérateur doit être placé dans la colonne indiquée par le dénominateur.

N'oubliez pas d'écrire les zéros indispensables. Par exemple, celui de la colonne des dixièmes pour 0,037.

N'oubliez pas de supprimer les zéros inutiles.

POUR VOUS ENTRAÎNER

EXERCICES

1 Écrivez avec une fraction dont le dénominateur est 10.

0,5 ; 2,7 ; 3 ; 20.

2 Écrivez avec une fraction dont le dénominateur est 100.

0,5 ; 2,7 ; 1,12 ; 0,03 ; 14.

3 Écrivez avec une fraction dont le dénominateur est 1 000.

0,5 ; 2,7 ; 0,003 ; 12,578 ; 19.

4 Écrivez avec une fraction décimale.

1,732 ; 3,14 ; 1,404 ; 12 ; 0,07.

5 Transformez, si possible, la fraction en fraction décimale.

$\frac{5}{2}$; $\frac{8}{5}$; $\frac{12}{25}$; $\frac{7}{4}$; $\frac{2}{3}$; $\frac{5}{7}$.

6 Simplifiez les fractions décimales.

$\frac{25}{10}$; $\frac{8}{10}$; $\frac{15}{100}$; $\frac{225}{100}$; $\frac{16}{100}$.

7 Transformez chaque nombre décimal comme le montre l'exemple.

Ex. : $32{,}15 = 30 + 2 + \frac{1}{10} + \frac{5}{100}$.

$= \frac{3\,000}{100} + \frac{200}{100} + \frac{10}{100} + \frac{5}{100} = \frac{3\,215}{100}$.

6,87 ; 2,54 ; 32,25 ; 30,5.

8 Transformez chaque nombre décimal comme le montre l'exemple.

Ex. : $32{,}15 = 32 + \frac{15}{100}$

$= \frac{3\,200}{100} + \frac{15}{100} = \frac{3\,215}{100}$.

6,87 ; 2,54 ; 32,25 ; 30,5.

9 Donnez, si possible, l'écriture décimale des fractions suivantes.

Attention, rappelez-vous l'exercice n° 5 : il y a des fractions qu'on ne peut pas transformer en fraction décimale. Pour ces fractions, il n'existe pas d'écriture décimale. Ces fractions sont des écritures de nombres qui ne sont pas des nombres décimaux.

$\frac{5}{2}$; $\frac{8}{5}$; $\frac{12}{25}$; $\frac{7}{4}$; $\frac{2}{3}$; $\frac{5}{7}$.

10 Donnez l'écriture décimale des fractions décimales suivantes.

$\frac{154}{1\,000}$; $\frac{526}{100}$; $\frac{782}{10}$; $\frac{654}{1}$.

11 Transformez chaque fraction comme le montre l'exemple.

Ex. : $\frac{3\,652}{100} = \frac{3\,000}{100} + \frac{600}{100} + \frac{50}{100} + \frac{2}{100}$

$= 30 + 6 + \frac{5}{10} + \frac{2}{100}$

$= 36{,}52$.

$\frac{47}{10}$; $\frac{421}{10}$; $\frac{564}{100}$; $\frac{6\,542}{100}$.

12 Transformez chaque fraction comme le montre l'exemple.

Ex. : $\frac{3\,652}{100} = \frac{3\,600}{100} + \frac{52}{100}$

$= 36 + \frac{52}{100}$

$= 36{,}52$.

$\frac{47}{10}$; $\frac{421}{10}$; $\frac{564}{100}$; $\frac{6\,542}{100}$.

test .../20

1 Reliez les écritures du même nombre.

12,5	•	•	$\frac{125}{1}$
1,25	•	•	$\frac{125}{10}$
0,125	•	•	$\frac{125}{100}$
125	•	•	$\frac{125}{1\,000}$

...../4

2 Trouvez l'intrus.

$62,4$; $62 + \frac{4}{10}$; $60 + \frac{24}{10}$; $\frac{624}{100}$; $\frac{6\,240}{100}$.

...../3

3 Reliez à la bonne écriture décimale.

$\frac{605}{100}$	•	•	6,05
$\frac{650}{100}$	•		
$6 + \frac{5}{10}$	•	•	6,5
$6 + \frac{5}{100}$	•		

...../4

4 Replacez les nombres proposés à leur place dans le texte, chaque nombre ne pouvant être utilisé qu'une seule fois.

Rappel d'unités :

1 t = une tonne = 1 000 kg

1 ℓ = un litre.

Anita a pris sa voiture pour se rendre chez sa tante qui habite à environ ...... km de chez elle. Sur la route, un pont était interdit aux véhicules dépassant 2,5 t. Elle l'a traversé car sa voiture vide pèse ...... t. À mi-chemin, Anita a fait une pause pour déjeuner, son repas lui a coûté ...... F. Elle en a profité pour mettre de l'essence dans le réservoir. Au moment de payer le carburant, Anita a pensé que sa voiture était plus gourmande qu'elle : 28 ℓ à ...... F le litre !

Nombres : 5,45 ; 54,5 ; 545 ; 0,545

...../4

5 Aidez Maud.

Dans sa tirelire, la petite Maud a compté 37 pièces de 10 centimes mais elle ne sait pas si, avec toutes ces pièces, elle pourra obtenir une grosse pièce de 5 F. Qu'en pensez-vous ?

....

....

...../2

6 Complétez.

fraction décimale		notation décimale
$\frac{504}{10}$	=	
	=	45,2
$\frac{43}{1\,000}$	=	

...../3

4 Fractions et calculs

ADDITION ET SOUSTRACTION

Règles : Pour effectuer une addition ou une soustraction de deux fractions, il faut qu'elles aient le même dénominateur.

• Pour additionner deux fractions qui ont le même dénominateur, on additionne les numérateurs mais on conserve les dénominateurs. On écrit la fraction obtenue.

Ex. : $\frac{7}{10} + \frac{6}{10} = \frac{7 + 6}{10} = \frac{13}{10}$

• Pour soustraire deux fractions qui ont le même dénominateur, on soustrait les numérateurs mais on conserve les dénominateurs. On écrit la fraction obtenue.

Ex. : $\frac{17}{10} - \frac{6}{10} = \frac{17 - 6}{10} = \frac{11}{10}$

MULTIPLICATION

Règles :

• Pour multiplier un nombre entier par une fraction, on multiplie ce nombre par le numérateur et on conserve le dénominateur. On écrit la fraction obtenue.

Ex. : $7 \times \frac{8}{10} = \frac{7 \times 8}{10} = \frac{56}{10}$

• Pour multiplier deux fractions, on multiplie les numérateurs entre eux et les dénominateurs entre eux. On écrit la fraction obtenue.

Ex. : $\frac{9}{100} \times \frac{4}{10} = \frac{36}{1\,000}$

■ FRACTION D'UN NOMBRE

Prendre une fraction d'un nombre signifie : multiplier ce nombre par la fraction.

Pour calculer les $\frac{3}{4}$ de 27, on effectue la multiplication $\frac{3}{4} \times 27$:

$\frac{3}{4} \times 27 = \frac{3 \times 27}{4} = \frac{81}{4} = 20{,}25.$

Comment calculer avec les fractions

Calculez : $\frac{7}{10} + 3$; $\frac{3}{10} \times 5$; $\frac{11}{10} \times \frac{9}{100}$.

Correction

$\frac{7}{10} + 3 = \frac{7}{10} + \frac{30}{10} = \frac{7 + 30}{10} = \frac{37}{10}$.

$\frac{3}{10} \times 5 = \frac{3 \times 5}{10}$,

on peut simplifier : $\frac{3 \times 5}{10} = \frac{3 \times 5}{2 \times 5} = \frac{3}{2}$.

Si l'on doit simplifier le résultat d'une multiplication, il vaut mieux le faire avant de calculer le numérateur et le dénominateur.

$\frac{11}{10} \times \frac{9}{100} = \frac{11 \times 9}{10 \times 100} = \frac{99}{1\,000}$.

Si on doit ajouter deux fractions qui n'ont pas le même dénominateur, on transforme d'abord les fractions pour qu'elles aient le même dénominateur ; on appelle cela « réduire les fractions au même dénominateur ».

Remarquez que les deux règles de multiplication sont liées.

$\frac{3}{10} \times 5 = \frac{3 \times 5}{10}$

$\frac{3}{10} \times \frac{5}{1} = \frac{3 \times 5}{10 \times 1} = \frac{3 \times 5}{10}$

Comment calculer une fraction d'un nombre

Raphaël a bien de la chance ! Pour son anniversaire il a reçu 350 F. Il a dépensé les $\frac{4}{7}$ de cette somme et a économisé le reste. Combien a-t-il dépensé ? Combien lui reste-t-il ?

Correction

On doit calculer $\frac{4}{7}$ de 350. $\frac{4}{7} \times 350 = \frac{4 \times 350}{7}$

On remarque que 350 = 35 x 10 et que 35 = 7 x 5, donc on va pouvoir simplifier.

$\frac{4 \times 350}{7} = \frac{4 \times 10 \times 5 \times 7}{1 \times 7} = \frac{4 \times 10 \times 5}{1} = \frac{200}{1} = 200$.

Raphaël a dépensé 200 F.

350 – 200 = 150

Il reste 150 F à Raphaël.

Si l'on n'avait pas simplifié, on aurait quand même obtenu 200.

$\frac{4 \times 350}{7} = \frac{1\,400}{7} = 200$

POUR VOUS ENTRAÎNER

EXERCICES

1 Calculez.

Dans les exercices nos 1, 3 et 5, faites le lien entre les opérations effectuées sur les fractions décimales et les opérations effectuées sur les nombres décimaux.

a) $\frac{3}{10} + \frac{5}{10}$; 0,3 + 0,5.

b) $\frac{73}{10} - \frac{32}{10}$; 7,3 – 3,2.

c) $\frac{41}{100} + \frac{8}{100}$; 0,41 + 0,08.

d) $5 - \frac{27}{10}$; 5 – 2,7.

2 Calculez et, si possible, simplifiez.

$\frac{3}{5} + \frac{7}{5}$; $\frac{6}{7} + 1$; $\frac{9}{8} - \frac{5}{8}$.

3 Effectuez les multiplications.

a) $\frac{7}{10} \times 3$; 0,7 x 3.

b) $11 \times \frac{31}{100}$; 11 x 0,31.

c) $\frac{85}{10} \times 5$; 8,5 x 5.

4 Calculez et, si possible, simplifiez.

$\frac{2}{5} \times 7$; $3 \times \frac{5}{12}$; $\frac{8}{35} \times 15$.

5 Effectuez les multiplications.

a) $\frac{3}{10} \times \frac{7}{10}$; 0,3 x 0,7.

b) $\frac{12}{100} \times \frac{8}{10}$; 0,12 x 0,8.

c) $\frac{94}{10} \times \frac{8}{10}$; 9,4 x 0,8.

6 Calculez et, si possible, simplifiez.

$\frac{3}{4} \times \frac{2}{5}$; $\frac{8}{5} \times \frac{15}{4}$; $\frac{27}{8} \times \frac{2}{9}$.

7 Les livres de Swan.

Swan a compté ses livres : 140 ! Il a compté aussi qu'un livre sur sept est une bande dessinée, que le quart de ses livres sont des histoires policières ou d'aventure, qu'un sur dix concerne l'histoire et deux sur sept traitent de la nature ou des animaux. Calculez le nombre de livres par catégorie.

Pour calculer le nombre de bandes dessinées, vous pouvez calculer $\frac{1}{7}$ de 140.

8 Les jeunes et la télévision.

Les jeunes regardent la télévision. Mais saviez-vous que la durée d'écoute des 15-24 ans est égale à $\frac{10}{19}$ de celle des plus de 50 ans, c'est-à-dire environ la moitié ?
Calculez la durée d'écoute des 15-24 ans sachant que celle des plus de 50 ans est 247 minutes par jour.

9 L'Île-de-France.

Calculez un sixième de 57 900 000.
La population de la France est de 57,9 millions et celle de l'Île-de-France est de 11 millions.
Peut-on dire que plus d'un Français sur six vit en région parisienne ?

10 Les agriculteurs et les ouvriers.

En France, sur 200 personnes actives, 9 sont des agriculteurs et 56 sont des ouvriers. La population active est de 22,2 millions. Calculez le nombre d'agriculteurs et le nombre d'ouvriers.
Conseil : convertir en milliers.

Pour calculer le nombre d'agriculteurs, vous pouvez calculer $\frac{9}{200}$ de la population active après avoir exprimé cette population en milliers.

1 **Reliez les écritures du même nombre.**

$\frac{1}{3}+\frac{4}{3}$	•	•	$\frac{0}{6}$
$\frac{1}{3}\times\frac{5}{2}$	•	•	$\frac{5}{3}$
$1-\frac{1}{6}$	•	•	$\frac{18}{12}$
$\frac{5}{6}\times 2$	•	•	$\frac{5}{6}$

…………………… /4

2 **Vrai ou faux ? Cochez la case quand c'est vrai. Donnez la bonne réponse quand c'est faux.**

	Vrai	Faux
$\frac{5}{3}\times\frac{2}{3}=\frac{10}{3}$		(F) 10/[illegible]
$\frac{3}{7}+1=\frac{4}{7}$		
$\frac{5}{9}+\frac{7}{9}=\frac{12}{18}$		(F) $\frac{12}{9}$

…………………… /3

3 **Reliez les opérations identiques : seule l'écriture des nombres change.**

$\frac{7}{10}+\frac{9}{10}$	•	•	7 + 0,9
$7+\frac{9}{10}$	•	•	0,7 + 9
$\frac{7}{10}+9$	•	•	0,7 + 0,9

…………………… /3

4 **Complétez par une des fractions proposées.**

$\frac{4}{5}$; $\frac{7}{8}$; $\frac{4}{10}$; $\frac{7}{4}$.

$\frac{3}{5}+\frac{1}{5}=$ ……

…… $\times 2=\frac{14}{8}$.

$\frac{1}{2}\times\frac{7}{2}=$ ……

…… $-\frac{1}{5}=\frac{2}{10}$.

…………………… /4

5 **Les vêtements des Français.**

Le montant total des dépenses des Français est d'environ 2 200 milliards de francs.

Un Français consacre, en moyenne, 19 F sur 200 F pour se vêtir.

Calculez le montant total des dépenses des Français pour leur vêtements.

……………………………………

……………………………………

……………………………………

Pour se chausser, les Français consacrent $\frac{1}{5}$ des dépenses qu'ils font pour se vêtir.

Calculez le montant total des dépenses des Français pour se chausser.

……………………………………

……………………………………

……………………………………

…………………… /6

POUR RETENIR L'ESSENTIEL

5 Produit et quotient de décimaux

PRODUIT DE DÉCIMAUX

■ EFFET D'UNE MULTIPLICATION

Le produit des décimaux positifs $a \times b$ est supérieur à a si b est supérieur à 1 mais il est inférieur à a si b est inférieur à 1.

Ex. : $7{,}56 \times 0{,}84 < 7{,}56$ car $0{,}84 < 1$ et $7{,}56 \times 3{,}27 > 7{,}56$ car $3{,}27 > 1$.

■ ORGANISATION D'UN CALCUL

Le produit des deux décimaux ne dépend pas de l'ordre des facteurs.

Ex. : $78{,}6 \times 5{,}04 = 5{,}04 \times 78{,}6$.

■ MULTIPLICATIONS À RETENIR

Multiplier un décimal par 0,1 ; 0,01 ; 0,001 … revient à le diviser par 10 ; 100 ; 1 000…
On calcule mentalement : $789{,}56 \times 0{,}1 = 78{,}956$.

QUOTIENT DE DÉCIMAUX

■ RÉSULTAT D'UNE DIVISION

On peut diviser un décimal par un nombre décimal différent de zéro mais le quotient n'est pas toujours un décimal.

Ex. : $27{,}5 \div 4 = 6{,}875$; $21{,}7 \div 3{,}5 = 6{,}2$.
$18{,}5 \div 7$ n'est pas un nombre décimal, on écrit $18{,}5 \div 7 = \frac{18{,}5}{7}$.

■ EFFET D'UNE DIVISION

Le quotient des décimaux positifs $a \div b$ est inférieur à a si b est supérieur à 1 mais il est supérieur à a si b est inférieur à 1.

Ex. : $8{,}15 \div 1{,}56 < 8{,}15$ car $1{,}56 > 1$ et $45{,}61 \div 0{,}504 > 45{,}61$ car $0{,}504 < 1$.

■ DIVISIONS À RETENIR

Diviser un décimal par 0,1 ; 0,01 ; 0,001 … revient à le multiplier par 10 ; 100 ; 1 000…
On calcule mentalement : $789{,}56 \div 0{,}1 = 7\,895{,}6$.

Comment diviser ou multiplier mentalement par 10 ; 100 ; 1 000... ; 0,1 ; 0,01...

Calculez mentalement :
546,12 x 10 ; 546,12 ÷ 10 ;
546,12 x 0,1 ;
546,12 ÷ 0,1.

Correction

Après une multiplication par 10, le chiffre des unités devient le chiffre des dizaines : 6 est le chiffre des unités de 546,12 donc 6 est le chiffre des dizaines de 546,12 x 10. Finalement, 546,12 x 10 = 5 461,2.

Après une division par 10, le chiffre des unités devient le chiffre des dixièmes : 6 est le chiffre des unités de 546,12 donc 6 est le chiffre des dixièmes de 546,12 ÷ 10. Finalement, 546,12 ÷ 10 = 54,612.

546,12 x 0,1 = 546,12 ÷ 10 = 54,612.
546,12 ÷ 0,1 = 546,12 x 10 = 5 461,2.

N'hésitez pas, si besoin, à dessiner un tableau pour bien comprendre la place de chaque chiffre avant et après l'opération.

Remarquez bien que :
546,12 x 0,1 < 546,12
546,12 ÷ 0,1 > 546,12

Comment multiplier un décimal par une fraction

Pour préparer de la confiture, Julie a acheté 12,5 kg d'abricots qu'elle a payé 102,5 F. Pour la cuisson, elle ajoute du sucre. La quantité de sucre est égale aux trois quarts de la quantité de fruits. Le kg de sucre coûte 5,2 F.

1) Calculez le prix total des confitures de Julie.
2) Calculez le prix de revient du kg de confiture.

Correction

1) Calcul de la quantité de sucre : $\frac{3}{4}$ de 12,5 kg.

$\frac{3}{4} \times 12,5 = \frac{3 \times 12,5}{4} = \frac{37,5}{4} = 9,375.$

Le prix du sucre est : 9,375 x 5,2 = 48,75.
102,5 + 48,75 = 191,25.

Le prix total des confitures de Julie est 151,25 F.

N'oubliez pas :
$\frac{37,5}{4} = 37,5 \div 4.$

2) La quantité de confiture en kg est :
12,5 + 9,375 = 21,875.
151,25 ÷ 21,875 ≈ 6,9.

Le prix de revient du kg de confiture est 6,9 F.

On arrondit car le quotient des deux décimaux 151,25 et 21,875 n'est pas un nombre décimal.

POUR VOUS ENTRAÎNER

EXERCICES

Exercices n° 1 à 4 : calculez mentalement.

1 Dizaine, dixième.
54,89 x 10 ; 54,89 ÷ 10 ; 54,89 + 10.
365,4 x 0,1 ; 365,4 ÷ 0,1 ; 365,4 – 0,1.

2 Centaine, centième.
45,21 x 100 ; 45,21 ÷ 100 ; 45,21 + 100.
78,546 x 0,01 ; 78,546 ÷ 0,01 ;
78,546 + 0,01.

3 Millier, millième.
3,1415 x 1 000 ; 3,1415 ÷ 1 000.
52,825 x 0,001 ; 52,825 ÷ 0,001.

4 Calculs variés.
421 x 0,01 ; 1 193 x 100 ; 0,07 x 1 000.
1 515 ÷ 0,01 ; 1 852 ÷ 100 ; 0,25 ÷ 0,001.
1 789 + 0,01 ; 2,45 + 10 ; 7,329 + 0,001.
14,566 – 0,1 ; 15,1 – 0,01 ; 15,1 – 0,001.

Exercices n° 5 à 7 : posez et calculez.

5 Addition et soustraction.
121,05 + 9,55 ; 512,04 – 85,7.

6 Multiplications.
3,15 x 8,4 ; 12,3 x 0,015 ; 10,02 x 4,03.

7 Divisions.
292,1 ÷ 23 ; 72,54 ÷ 18 ; 1 248,18 ÷ 306.

8 Calculez comme le montre l'exemple.

$$5{,}4 \times \frac{2}{3} = \frac{5{,}4 \times 2}{3} = \frac{10{,}8}{3} = \frac{108}{30} = \frac{6 \times 18}{6 \times 5} = \frac{18}{5}.$$

$\frac{5}{2} \times 2{,}6$; $3{,}4 \times \frac{2}{4}$; $8{,}5 \times \frac{3}{5}$.

9 Le prix du rôti.
Le kg de rôti coûte 85 F. Combien coûte un rôti de 1,250 kg ? Calculez le prix d'un rôti de 850 g.

Convertissez 850 g en kg.

10 Le prix des fraises.
Sophie a payé 13,50 F une barquette de 750 g de fraises. Quel est le prix du kg de fraises ?

Convertissez 750 g en kg.

11 L'évolution des prix.
a) De 1960 à 1990, le prix moyen du kg de sucre en morceaux a été multiplié par 5,85. Calculez le prix en 1990, sachant qu'en 1960 il était de 1,20 F.

b) De 1960 à 1990, le prix moyen de la baguette de pain est passé de 0,24 F à 3,30 F. Par combien a été multiplié le prix de 1960 ?

c) De 1960 à 1990, le prix moyen de la douzaine d'œufs a été multiplié par 4,5. Le prix en 1990 étant de 12,78 F, retrouvez celui de 1960.

12 Le pharmacien.
Le médecin a prescrit un sirop à Raphaël : 2 cuillerées à café, 3 fois par jour durant 8 jours.
Sachant qu'une cuillerée mesure 5 mℓ et qu'un flacon de sirop contient 150 mℓ, combien le pharmacien devra-t-il proposer de flacons ?

13 Les calories du pain.
On mesure l'énergie apportée par nos aliments en kilocalories : kcal.
La baguette de pain contient 250 kcal pour 100 g.
Une baguette de pain pèse 250 g.
Maud a mangé $\frac{1}{4}$ de baguette, combien de kcal a-t-elle ainsi consommé ?

Vous pouvez commencer par calculer le nombre de kcal apportées par une baguette ou commencer par calculer la masse d'un quart de baguette.

POUR VOUS ÉVALUER

test … /20

EXERCICES

1 Complétez par a, b, c, ou d.

A = 50,2 B = 5,2 C = 5,02 D = 52

a = 50,2 ÷ 10 b = 520 x 0,01
c = 5,2 x 10 d = 5,02 ÷ 0,1

A = …… B = ……
C = …… D = ……

…… /4

2 Vrai ou Faux ? Cochez la case.

	Vrai	Faux
2,5 x 10 = 2,50		
7,07 ÷ 10 = 7,7		
2,34 x 0,1 = 23,4		
5,07 ÷ 0,01 = 0,507		
3,14 x 10 = 31,40		
5,06 x 0,01 = 0,0506		

…… /6

3 Reliez les nombres égaux.

$\frac{3}{4} \times 2{,}5$ •	• $\frac{14}{3}$
$7 \times \frac{2}{3}$ •	• $\frac{15}{8}$
$\frac{1{,}4}{2{,}1}$ •	• $\frac{14}{21}$
$\frac{3}{4}$ •	• 0,75

…… /4

4 Deux questions.

a) Roman a multiplié 3,17 par un nombre décimal et il a trouvé 2,707814.

Sans calculer, quel était le chiffre des unités de l'écriture décimale de ce nombre ?

……

……

b) Olivier a divisé 0,205 par un nombre et il a trouvé 205.

Par combien Olivier a-t-il divisé ?

……

……

…… /2

5 Athlétisme

Un athlète a parcouru 1,5 km en 4 min. S'il était possible de courir longtemps à cette vitesse, quelle distance pourrait-il parcourir en un quart d'heure ?

……

……

……

…… /4

6 Comparaison de décimaux et approximations décimales

COMPARAISON DE NOMBRES DÉCIMAUX POSITIFS

■ COMPARAISON DE DEUX NOMBRES

Notations : Le signe < se lit « est inférieur à » : $5 < 12$.
Le signe > se lit « est supérieur à » : $12 > 5$.
Règle : Si leurs parties entières sont différentes, le plus grand de deux décimaux positifs est celui qui a la plus grande partie entière. Si elles sont égales, on compare *les valeurs* de leurs parties décimales. Pour cela, on les écrit sous forme de fractions décimales de même dénominateur.

Ex. : $7{,}12 < 7{,}8$ car $\frac{8}{10} = \frac{80}{100}$ et $\frac{12}{100} < \frac{80}{100}$.

■ RANGEMENT DE PLUSIEURS NOMBRES

Ordre croissant : croître signifie grandir ; l'ordre croissant est le rangement du plus petit au plus grand.
Ordre décroissant : l'ordre décroissant est le rangement du plus grand au plus petit.

APPROXIMATIONS DÉCIMALES

Quand on tape sur la touche π de la calculatrice on obtient : 3,1415927.
Le signe ≈ signifie « a pour approximation » : $\pi \approx 3{,}1415927$.

■ TRONCATURE À L'UNITÉ

Pour écrire la troncature à l'unité d'un nombre positif, on écrit seulement sa partie entière. La troncature à l'unité du nombre π est 3.

■ ENCADREMENT D'UN NOMBRE PAR DEUX DÉCIMAUX

Pour encadrer le nombre π par deux décimaux à un centième près, on choisit les deux nombres décimaux avec deux chiffres après la virgule 3,14 et 3,15 et l'on écrit :

$$3{,}14 < \pi < 3{,}15.$$

■ APPROXIMATIONS DÉCIMALES

Un automobiliste en « excès de vitesse » roule à une vitesse *supérieure* à la limite autorisée.
En utilisant l'encadrement au centième de π, on trouve les approximations suivantes :
3,14 est l'approximation décimale de π au **centième par défaut**.
3,15 est l'approximation décimale de π au **centième par excès**.
π est plus proche de 3,14 que de 3,15 donc 3,14 est l'arrondi au centième de π.

Comment comparer des décimaux

Ordonnez par ordre croissant :
3,14 ; 7,05 ; 7,5 ; 2,8 ; 3,7 ; 3,175.

Il faut penser à utiliser le signe <.

Correction

1) Commençons par classer ces nombres par leurs partie entière : 2,8 puis 3,14 ; 3,7 ; 3,175 puis 7,05 ; 7,5.
2) Ordonnons ceux qui ont pour partie entière 3.

Méthode 1

$3{,}14 = 3 + \frac{1}{10} + \frac{4}{100}$; $3{,}7 = 3 + \frac{7}{10}$ et

$3{,}175 = 3 + \frac{1}{10} + \frac{7}{100} + \frac{5}{1\,000}$

La méthode 1 est la même que celle qui permet de ranger les mots dans le dictionnaire.

En comparant les dixièmes puis les centièmes on obtient : $3{,}14 < 3{,}175 < 3{,}7$.

Méthode 2

$3{,}14 = 3 + \frac{140}{1\,000}$; $3{,}7 = 3 + \frac{700}{1\,000}$ et

$3{,}175 = 3 + \frac{175}{1\,000}$ donc $3{,}14 < 3{,}175 < 3{,}7$.

Par la méthode 2, on compare les valeurs des parties décimales des nombres qui ont la même partie entière.

3) Par les méthodes 1 ou 2, on obtient $7{,}05 < 7{,}5$.
Conclusion : $2{,}8 < 3{,}14 < 3{,}175 < 3{,}7 < 7{,}05 < 7{,}5$.

Comment donner une approximation décimale d'un nombre

Le salon de l'appartement de Morgan mesure 22 m^2, c'est une pièce rectangulaire et sa longueur mesure 6,5 m. Calculez la largeur de cette pièce, vous donnerez comme réponse l'arrondi au cm.

Il faut relier la précision demandée et l'unité de mesure.

Correction

Un centimètre vaut un centième de mètre, c'est une approximation au centième qui est demandée.
On utilise la calculatrice : `22 ÷ 6,5 → 3.3846158.`
L'encadrement au centième de la largeur est :
$3{,}38 < \text{largeur} < 3{,}39$.
3,38 est l'approximation décimale au centième par défaut,
3,39 l'est par excès. La largeur est inférieure à 3,385.
Finalement, la largeur du séjour, arrondie au cm, est 3,38 m.

La largeur est plus proche de son approximation au centième par défaut que de celle par excès.

EXERCICES

POUR VOUS ENTRAÎNER

1 Comparez les deux nombres : quel est le plus grand ?
4,5 et 5,2 ; 3,56 et 3,4 ; 6,87 et 6,998 ;
5,6 et 5,75 ; 5,78 et 5,8 ; 8,45 et 8,405.

2 Comparez les deux nombres.
7,8 et 8,7 ; 9 et 8,75 ; 5,48 et 5,7 ;
5,7 et 5,9 ; 5,9 et 5,11 ; 12,36 et 12,2.

3 Comparez les deux longueurs (attention aux unités).
3,5 m et 305 cm ; 12,57 cm et 1,25 mm ;
3 250 mm et 3,5 m ; 0,005 m et 0,5 mm.

4 Comparez les deux durées.
2 h 30 min et 150 min ; 25 min et 0,3 h ;
85 s et 1,2 min ; 4 578,6 s et 76,32 min.

5 Écrivez un nombre décimal qui convienne.

5 <	< 7
5,2 <	< 5,4
5,2 <	< 5,3
4,5 <	< 4,55
8,3 <	< 8,31

6 Donnez à chaque fois un exemple de valeur de ❐ qui convienne.

Conditions	Exemple
7,2 < ❐ < 7,25	❐ =
❐ > 3,33 et ❐ < 3,34	❐ =
❐ < 2,76 et ❐ > 2,75	❐ =
❐ < 3 et ❐ > 2,9	❐ =

7 Écrivez dans l'ordre croissant.
5,65 ; 5,182 ; 5,7 ; 5,3 ; 5,05 ; 5,13.

8 Écrivez dans l'ordre croissant.
0,01 ; 0,001 ; 0,025 ; 0,25 ; 0,045 ; 0,1.

9 Écrivez l'encadrement au centième des trois nombres suivants.

6,45654 ; $\frac{19}{17}$; π.

10 Calculez à un cm près par défaut.
Un rectangle mesure 7,3 m de large et a une aire de 60 m². Quelle est sa longueur ?

Un cercle a pour périmètre 25 m. Quel est son rayon ?

Un triangle a une base de 3,5 m et une aire de 7 m². Quelle est sa hauteur ?

Un carré a un périmètre de 4,15 m. Quelle est la longueur de ses côtés ?

11 La santé des Français.
En 1992, les Français ont dépensé 600 milliards de francs pour la santé. Cette année-là, la population de la France était de 57 millions.
Calculez à 10 F près par excès, la somme moyenne dépensée par personne pour la santé en 1992.

Convertissez les milliards en millions.

12 Les voitures des Français.
En 1989, les Français ont dépensé 149,288 milliards de francs pour l'achat de véhicules et 290,756 milliards pour les dépenses d'utilisation. La France comptait alors 21,1 millions de ménages.
Calculez à 10 F près par excès la somme moyenne dépensée par ménage pour l'automobile cette année-là.

Convertissez les milliards en millions.

test .../20

1 Aidez Maud qui joue à la marchande à remettre de l'ordre dans ses articles : elle veut les ranger par ordre croissant de prix.

article	prix	rang
pain	4,15 F	
lait	5,1 F	
haricots	4,5 F	
fromage	5,05 F	

.... //4

2 La scolarisation des enfants.

Ce tableau indique, par âge, le pourcentage des enfants scolarisés en 1967-68 et 1986-87. Pour ces deux années scolaires, encadrez les âges pour lesquels plus de 90 % des enfants sont scolarisés.

âge	67-68	86-87
2 ans	13,5	33,6
3 ans	50,9	95,4
4 ans	79,4	100
5 ans	99	100
6 à 11 ans	100	100
12 ans	99,9	99,6
13 ans	98,5	99,1
14 ans	84,6	97,3
15 ans	62,1	95,1
16 ans	54,6	88,2
17 ans	38,6	79,6
18 ans	23,6	58,7

.... //4

3 Cochez le plus grand des deux nombres.

☐	7,84	ou	7,9	☐
☐	3,4	ou	3,55	☐
☐	0,33	ou	$\frac{1}{3}$	☐
☐	8,9	ou	8,11	☐

.... //5

4 Arrondir le cercle ?

Un cercle a pour diamètre 22,7 cm.

a) Calculez l'arrondi au mm de son rayon.

....

b) Calculez son périmètre à 1 mm près par excès.

....

c) Calculez son aire à 1 mm^2 par défaut.

....

.... //3

5 Remplissez le tableau.

3 ; 3,1 ; 3,2 ; 3,14 sont des approximations du nombre 3,1428571. Replacez ces nombres dans le tableau suivant :

troncature à l'unité	
arrondi au centième	
au dixième par défaut	
au dixième par excès	

.... //4

7 Équations, résolution de problèmes

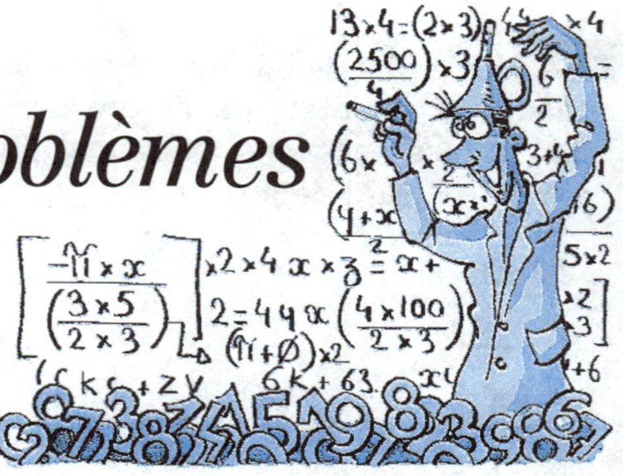

RELATIONS ENTRE LES OPÉRATIONS

■ ADDITION ET SOUSTRACTION

La différence 13,5 – 7 est le nombre qu'il faut ajouter à 7 pour obtenir 13,5.

13,5 – 7 = 6,5 car 7 + 6,5 = 13,5.

■ MULTIPLICATION ET DIVISION

Le quotient 29,4 ÷ 7 est le nombre par lequel il faut multiplier 7 pour obtenir 29,4.

29,4 ÷ 7 = 4,2 car 7 x 4,2 = 29,4.

ÉQUATIONS

Égalité : on écrit une égalité pour signifier que ses deux membres sont deux écritures différentes du même nombre.

Équation : une équation est une égalité qui contient une inconnue.
Trouver les valeurs possibles de cette inconnue c'est **résoudre l'équation.**
Les valeurs possibles sont **les solutions de l'équation.**

Ex. : L'inconnue étant notée ❒, l'équation est : 7 x ❒ = 29,4.
Résolution de l'équation : ❒ = 29,4 ÷ 7.
Solution de l'équation : ❒ = 4,2.

RÉSOLUTION DE PROBLÈMES

Méthode :

- on repère les grandeurs données et les unités avec lesquelles elles sont exprimées,
- on repère la grandeur inconnue et l'unité qu'on doit prendre pour donner la réponse,
- on écrit l'égalité qui traduit la relation entre les grandeurs,
- un membre de l'égalité contient l'inconnue ; c'est une équation, il faut la résoudre pour trouver la solution,
- on répond à la question par une phrase sans oublier de préciser l'unité.

Comment résoudre une équation

Résoudre l'équation : 2 + (3,5 x ❒) = 23.

Correction

2 + (3,5 x ❒) = 23
3,5 x ❒ = 23 – 2
3,5 x ❒ = 21
❒ = 21 ÷ 3,5
❒ = 6

La solution de l'équation est 6.

Repérez l'ordre des opérations :
1) Multiplication par 3,5.
2) Addition de 2.
Retrouvez les résultats en partant de la dernière opération.

Répondez par une phrase.

Comment appliquer une formule

Un rectangle de longueur 12,5 cm a pour périmètre 36 cm. Quelle est sa largeur ?

Correction

La largeur est l'inconnue : ❒
Le périmètre du rectangle est :
$2 \times (L + \ell) = 36$
2 x (12,5 + ❒) = 36
12,5 + ❒ = 36 ÷ 2
12,5 + ❒ = 18
❒ = 18 – 12,5
❒ = 5,5

La largeur du rectangle est 5,5 cm.

On utilise la formule du périmètre du rectangle pour écrire l'équation.
$\mathscr{P} = 2 \times (L + \ell)$
$L = 12,5$
ℓ = ❒

Comment résoudre un problème.

Au cirque, le prix de la place est 50 F pour un enfant et 80 F pour un adulte. 125 enfants ont assisté à la représentation et la caissière a reçu au total 11 850 F. Combien y avait-il d'adultes ?

Correction

Le nombre d'adultes est noté ❒.
La recette totale est :
(125 x 50) + (❒ x 80) = 11 850
6 250 + ❒ x 80 = 11 850
❒ x 80 = 11 850 – 6 250
❒ x 80 = 5 600
❒ = 5 600 ÷ 80
❒ = 70

70 adultes ont assisté à la représentation.

Chaque enfant paie 50 F. La recette pour les enfants est :
125 x 50.
Chaque adulte paie 80 F. La recette pour les adultes est :
❒ x 80.

EXERCICES

POUR VOUS ENTRAÎNER

1 Résolvez les équations.

❒ + 17 = 24
37 + ❒ = 71
❒ + 2,07 = 51,4
73,56 + ❒ = 103

2 Résolvez les équations.

❒ – 18 = 125
214 – ❒ = 104
❒ – 4,17 = 7,2
12,3 – ❒ = 1,04

3 Résolvez les équations.

❒ x 7 = 84
0,5 x ❒ = 125
2,5 x ❒ = 34
❒ x 2,4 = 3,3

4 Résolvez les équations.

❒ ÷ 5 = 12
144 ÷ ❒ = 6
❒ ÷ 0,8 = 90
20 ÷ ❒ = 25

5 Résolvez les équations.

17 = 5 + ❒
(28 x ❒) + 2 = 37
5 = (4 x ❒) – 3
(❒ + 3) ÷ 7 = 3

6 **Un rectangle a pour longueur 7,5 cm et pour largeur 4,2 cm.**
Calculez son aire et son périmètre.

7 **Un rectangle a pour longueur 726 mm et pour largeur 3 cm.**
Calculez son aire et son périmètre.

8 **Un carré a pour périmètre 294 mm.**
Calculez la longueur de ses côtés ainsi que son aire.

9 **Pendant l'entraînement de football.**
Les joueurs font trois fois le tour du terrain qui est un rectangle de 110 m de long et de 75 m de large. Calculez la longueur de la course d'échauffement.

10 **Sur le terrain**
Afin d'entretenir le terrain de football, le jardinier replante régulièrement du gazon. Il utilise un sac de 50 kg pour 600 m^2 de terrain. Calculez le nombre de sacs que le jardinier devra utiliser, sachant que le terrain est un rectangle de 110 m sur 75 m et que le jardinier termine toujours le dernier sac entamé en repassant sur les endroits plus abîmés.

11 **Un rectangle a pour largeur 7,8 cm et pour aire 312 cm^2.**
Calculez sa longueur et son périmètre.

12 **Question d'âge**
Armand a trois ans de plus que Bernard, Camille est née deux ans avant Danièle, Danièle a douze ans et elle a quatre ans de moins qu'Armand. Calculez l'âge de chacun d'entre eux.

13 **Pour étancher la soif**
Un litre de boisson *Panta-Bulla* coûte deux fois plus cher qu'un litre d'eau. J'ai acheté 4 ℓ d'eau et 3 ℓ de *Panta-Bulla* et j'ai payé 44 F. Quel est le prix d'un litre d'eau ? d'un litre de *Panta-Bulla* ?

14 **Sur un plan d'architecte.**

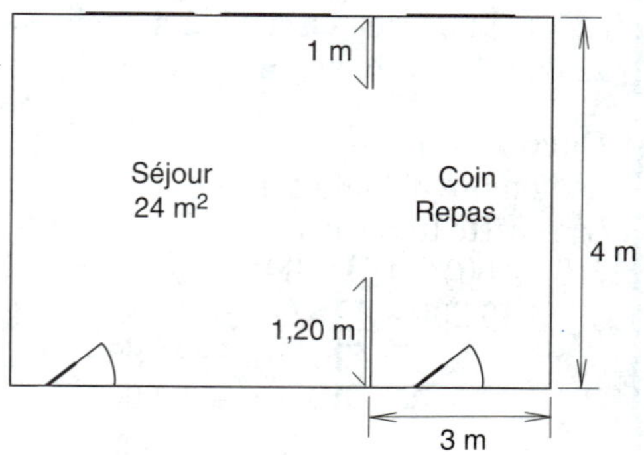

Trouvez la longueur du passage entre le séjour et le coin-repas, l'aire du coin-repas et les dimensions du séjour.

test .../20

1 Retrouvez la solution.

En testant les nombres proposés, retrouvez la solution de l'équation :

(5 x ☐) + 3 = 2 x (☐ + 6)

Cochez la solution.

5 ☐ 1 ☐ 7 ☐ 3 ☐ 0 ☐

/2

2 À chaque équation sa solution.

Reliez chaque équation à sa solution.

☐ + ☐ = 5	• •	4
☐ + 5 = 8	• •	2,5
27 ÷ ☐ = 9	• •	3
7 x ☐ = 28	• •	4,5

/4

3 Chassez l'intrus.

Tous ces rectangles ont la même aire sauf un, lequel ?

Cochez l'intrus.

a	$L = 12$	$\ell = 5$
b	$L = 15$	$\ell = 4$
c	$L = 40$	$\ell = 20$
d	$L = 24$	$\ell = 2{,}5$

/2

4 À la recherche du petit périmètre.

Parmi les rectangles de l'exercice n° 3, retrouvez celui qui a le plus petit périmètre.

/2

5 Un problème à la page...

Dans ce livre de mathématiques, il y a 128 pages numérotées de la page 5 à la page 127.

Combien de fois a-t-on utilisé le chiffre 5 pour numéroter les pages de ce livre ?

Cochez la bonne réponse.

11 ☐ 12 ☐ 13 ☐ 21 ☐ 22 ☐ 23 ☐

/4

6 Une fête sans problème.

Pour la fête du collège, un illusionniste est venu présenter un spectacle devant deux classes de sixième : la 6e B et la 6e C. L'effectif de la 6e B est de 26 élèves et celui de la 6e C est de 28 élèves. Le spectacle a duré 50 min et le prix de la représentation était de 1 080 F. La coopérative du collège a payé un quart du prix de ce spectacle, le reste a été partagé entre les élèves.

Répondez par une phrase à chaque question.

a) Combien d'élèves étaient concernés par la représentation ?

....

....

b) Combien la coopérative a-t-elle payé ?
Quelle somme restait-il à partager ?

....

....

c) Quel a été le montant de la participation de chaque élève ?

....

....

/6

8 *Proportionnalité*

GRANDEURS PROPORTIONNELLES

Deux grandeurs sont proportionnelles si on multiplie toujours par le même nombre les valeurs de l'une pour passer aux valeurs de l'autre. Quand c'est le cas, ce nombre est le coefficient de proportionnalité.

Ex. : Le prix à payer est proportionnel à la quantité achetée ; cela signifie que pour obtenir le prix à payer on multiplie la quantité achetée par le prix unitaire.

1) Pour l'exemple suivant le prix à payer n'est pas proportionnel au nombre de photocopies.

nombre de photocopies	50	100	200
prix des photocopies en F	50	80	150

2) Pour l'exemple suivant le prix à payer est proportionnel au nombre de croissants achetés.

nombre de croissants	1	5	12
prix à payer en F	3,8	19	45,6

ÉCHELLE

Règles

- Pour calculer une longueur sur un plan, on multiplie la longueur réelle par l'échelle.
- Pour calculer une longueur réelle, on divise la longueur sur le plan par l'échelle.
- Pour calculer l'échelle, on divise la longueur sur le plan par la longueur réelle exprimées avec la même unité.

Ex. : Sur un plan à l'échelle $\frac{1}{1\,500}$, une longueur de 45 m sera représentée

par une longueur de : $45 \times \frac{1}{1\,500} = 45 \div 1\,500 = 0{,}03$ m $= 3$ cm.

GRADUATION DE DROITE

Pour graduer une droite, il faut reporter régulièrement l'unité.

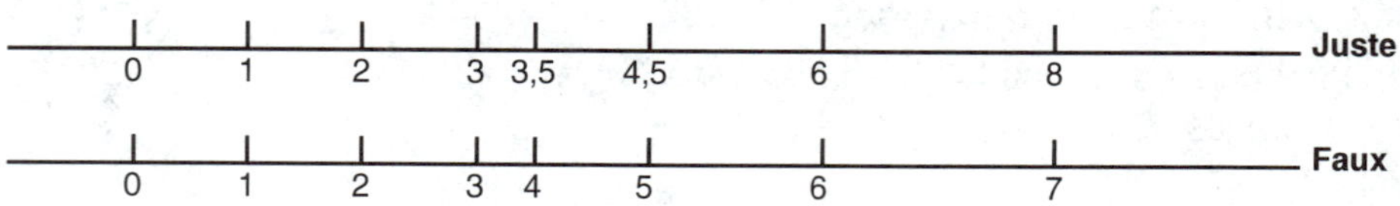

Comment résoudre un problème avec deux grandeurs proportionnelles

En France, on mesure la longueur des chaussures en « points de Paris » : 3 points pour 2 cm.
Une chaussure mesure 18 cm, quelle est sa pointure ?
Combien mesure une chaussure de pointure 42 ? 39 ?

Correction

La règle « 3 points pour 2 cm » montre que le nombre de points et le nombre de cm sont proportionnels.

Plaçons ces grandeurs dans un tableau. Indiquons les valeurs connues (en noir).

1) On passe de 2 à 3 en multipliant par ❒ donc

$2 \times ❒ = 3$ et donc $❒ = \frac{3}{2} = 3 \div 2 = 1{,}5$.

2) On passe de la longueur à la pointure en multipliant par 1,5, on passe de la pointure à la longueur en divisant par 1,5.

$18 \times 1{,}5 = 27$; $42 \div 1{,}5 = 28$; $39 \div 1{,}5 = 26$.

Longueur en cm	2	18	28	26
Pointure	3	27	42	39

x 1,5

1) On commence par trouver le coefficient de proportionnalité.
2) On utilise le coefficient de proportionnalité.

Remarques :

– on passe de 2 à 18 en multipliant par 9, on peut trouver 27 en multipliant 3 par 9.

– on passe de 42 à 39 en soustrayant 3 points, on peut trouver 26 en soustrayant la longueur qui correspond à 3 points : 2 cm.

On peut utiliser plusieurs méthodes pour répondre à une question.

Comment utiliser une échelle

Sur la carte de la ville, la distance entre la mairie et la piscine est de 4,5 cm.
L'échelle de cette carte est $\frac{1}{50\,000}$.

Calculez la distance réelle entre la mairie et la piscine.

$\frac{1}{50\,000} = \frac{2}{100\,000} = 0{,}00002$.

Correction

Il faut diviser 4,5 cm par l'échelle pour obtenir en cm la distance réelle.

$4{,}5 \div 0{,}00002 = 225\,000$ (longueur en cm).

$225\,000 \div 100\,000 = 2{,}25$ (longueur en km).

La mairie et la piscine sont distantes de 2,25 km.

1 km = 100 000 cm.

POUR VOUS ENTRAÎNER

1 Par quel nombre faut-il multiplier le premier nombre pour obtenir le second ?

5,8 et 5 800	3,14 et 0,0314
70 et 0,007	82 et 82 000

2 Par quel nombre faut-il multiplier le premier nombre pour obtenir le second ?

8 et 15	10 et 23	5 et 37
9 et 45	3 et 20	9 et 12

Si le nombre trouvé est décimal, donnez son écriture décimale. Sinon simplifiez la fraction obtenue.

3 A et B sont liés par la relation :
B = A × k.
Pour chaque ligne, calculez la valeur manquante.

A	k	B
18	3	
8		72
18		54
	7	5,6
15		18

× k =

4 Parmi ces tableaux, reconnaître ceux qui sont des tableaux de proportionnalité et ceux qui ne le sont pas.

4	6	21
8	12	42

①

3	12	15
7	28	35

②

5	15	30
12	35	70

③

9	27	81
4	12	36

④

5 **La salle d'eau de M. Cadum.**
M. Cadum a carrelé le sol de sa salle de bains et il a payé son carrelage 1 650 F pour 6 m^2. Il envisage maintenant de carreler sa salle d'eau. Combien paiera-t-il son carrelage sachant qu'il utilisera 2,5 m^2 du même carrelage.

Calculez le prix au m^2.

6 **Graduations.**
a) Dessinez une droite graduée dont l'unité de longueur est 2 cm et placez A (2,5) ; B (3,25).

b) Dessinez une droite et déterminer une unité de longueur pour y placer les points A (10) et B (35).

c) Dessinez une droite et déterminer une unité de longueur pour y placer les points A (100) et B (225).

7 **Partage proportionnel.**
Maxime, Alexandre et Raphaël ont acheté une boite de 10 disquettes pour leurs ordinateurs. La boite coûtait 45 F. Maxime a pris 3 disquettes, Alexandre en a pris 5 et Raphaël en a pris 2.
Sachant qu'ils ont partagé équitablement (proportionnellement) le prix de la boîte, combien chacun doit-il payer ?

Calculez le prix d'une disquette.

8 **Le plan de l'appartement.**
Le plan a été réalisé à l'échelle $\frac{1}{75}$.
La largeur du séjour est 4,20 m.
Combien mesure-t-elle sur le plan ?
Sur le plan, la longueur de la cuisine est 4,8 cm. Quelle est sa longueur réelle ?

9 **Le prix du rôti.**
Philippe a acheté deux rôtis qui coûtent le même prix au kg. Le premier pesait 800 g et valait 102 F. Le second pesait 750 g.

Calculez le prix au kg du rôti, puis le prix du second rôti.

Convertissez le poids des rôtis en kg.

POUR VOUS ÉVALUER

test .../20

EXERCICES

1 Parmi ces tableaux, cochez ceux qui sont, des tableaux de proportionnalité ?

a)

1	2	3	4	5
5	10	15	20	25

☐

b)

1	2	3	4	5
10	12	14	16	18

☐

c)

1	2	3	4	5
2	4	8	16	32

☐

d)

1	2	3	4	5
1	4	9	16	25

☐

e)

1	2	3	4	5
2,5	5	7,5	10	12,5

☐

.... /5

2 Complétez pour obtenir un tableau de proportionnalité.

1	4	5	8	
	24			72

.... /2

3 La course de Sophie.

Sophie doit prendre le train à 8 h 12. Elle part de chez elle à 7 h 55 en courant à 6 km/h.
Réussira-t-elle à prendre le train sachant que la gare est à 1,5 km de chez elle ?

....

....

....

.... /3

4 Nation – République.

À Paris, les places de la Nation et de la République sont distantes de 3,15 km.

Quelle distance en cm sépare ces deux places sur un plan de Paris à l'échelle $\frac{1}{15\,000}$?

....

....

.... /4

5 Complétez la droite graduée.

Placez U (1) ; B (2,5) et D (4,75).

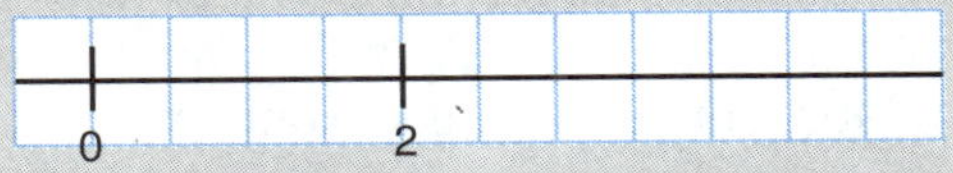

.... /3

6 Le vidéoclub.

Raphaël et Alexandre vont au même vidéoclub. L'inscription annuelle est de 200 F, on paie ensuite la location de chaque cassette.

L'année dernière, Raphaël a loué 15 vidéocassettes. Sa dépense totale, inscription comprise, a été de 575 F.

Cette même année, Alexandre a loué 25 cassettes. Calculez sa dépense totale.

625F Cassettes

200 inscription

825 ✓✓

.... /3

9 Nombres relatifs

REPÉRAGE

■ SUR UNE DROITE GRADUÉE

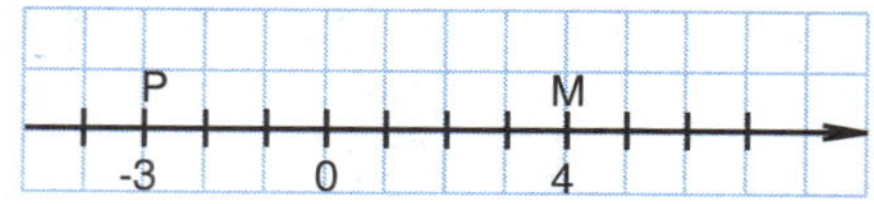

Abscisse : l'abscisse d'un point est le nombre qui permet de repérer le point. L'abscisse de M est 4, celle de P est – 3, on écrit : M (4) et P (– 3).

■ DANS UN PLAN MUNI D'UN REPÈRE

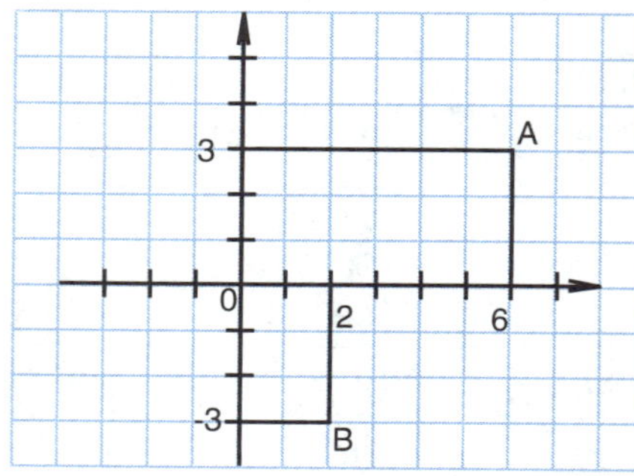

Abscisse : l'abscisse d'un point est le premier des deux nombres qui permettent de le repérer. L'abscisse de A est 6, celle de B est 2.
Ordonnée : l'ordonnée d'un point est le second des deux nombres qui permettent de le repérer. L'ordonnée de A est 3, celle de B est – 3.
Coordonnées : les coordonnées d'un point sont les deux nombres qui permettent de repérer ce point. On écrit A (6 ; 3) et B (2 ; – 3).

NOMBRES RELATIFS

Relatif : les positifs et les négatifs sont réunis pour former l'ensemble des relatifs.
Opposés : deux nombres opposés ne diffèrent que par leurs signes.

Ex. : 7,12 = + 7,12 ; 7,12 et – 7,12 sont opposés ; 7,12 > 0 ; – 7,12 < 0.

7,12 et + 7,12 désignent le même nombre.

Comparaison : un nombre positif est supérieur à un nombre négatif ; le plus grand de deux nombres négatifs est le plus proche de zéro.

Ex. : – 4 < 2 et – 6 < – 2.

ADDITION ET SOUSTRACTION

Un nombre relatif peut représenter la position d'un point sur une droite graduée, il peut aussi représenter le déplacement d'un point : + 2 est un déplacement de deux unités dans le sens croissant, – 3 est un déplacement de trois unités dans le sens décroissant. Voici les **représentations graphiques** des opérations :

(+ 1) + (– 3) = 1 – 3 = – 2

(– 2) + (+ 5) = – 2 + 5 = 3

(– 4) + (+ 3) = – 4 + 3 = – 1

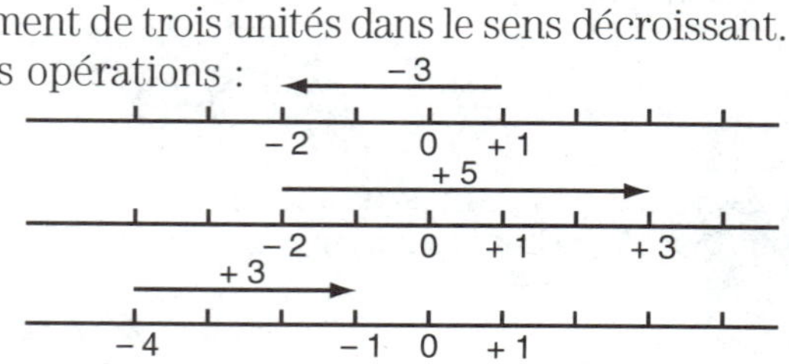

Comment lire les coordonnées d'un point

Lire les coordonnées des points A, B et C.
Placer M (7 ; – 3) et P (– 2 ; 3,5).

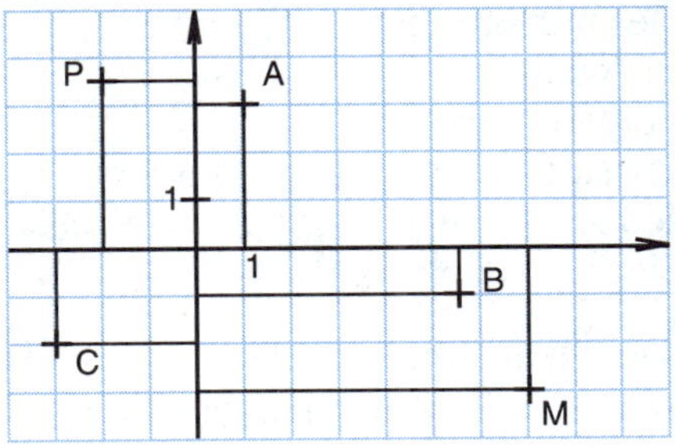

Correction

À partir du point, on trace les parallèles aux axes jusqu'à ce qu'elles coupent les axes.
On lit l'abscisse des points sur l'axe horizontal et l'ordonnée sur l'axe vertical.
L'abscisse de A est 1, son ordonnée est 3, on écrit A (1 ; 3).
L'abscisse de B est 5,5, son ordonnée est – 1, on écrit B (5,5 ; – 1).
L'abscisse de C est – 3, son ordonnée est – 2, on écrit C (– 3 ; – 2).
Pour placer un point on marque son abscisse et son ordonnée et l'on trace les parallèles aux axes, elles se coupent au point cherché.

Respectez bien l'ordre : en premier l'abscisse sur l'axe horizontal et en second l'ordonnée sur l'axe vertical.

Comment comparer des relatifs

Le relevé des températures de la semaine est : Lu : + 2 ; Ma : – 1 ; Me : 0 ; Je : – 2,5 ; Ve : – 1,5 ; Sa : – 0,5 ; Di : + 1. Écrire les jours de la semaine dans l'ordre croissant des températures.

Correction

Les températures positives sont + 2, 0 et + 1.
Dans l'ordre croissant : 0 < + 1 < + 2, donc Me, Di, Lu.
Les températures négatives sont – 1, 0, – 2,5, – 1,5 et – 0,5.
Dans l'ordre croissant : – 2,5 < – 1,5 < – 1 < – 0,5 < 0, donc Je, Ve, Ma, Sa, Me.
Finalement, *Je, Ve, Ma, Sa, Me, Di, Lu.*

Le nombre zéro est un nombre à la fois positif et négatif.

Comment effectuer des calculs

Calculez : 3 – 5 ; – 7 + 2 ; – 3 + 8 ; – 5 – 7.

Correction

3 – 5 = – 2
– 7 + 2 = – 5
– 3 + 8 = + 5 = 5
– 5 – 7 = – 12.

Avec les nombres relatifs, on peut soustraire à un nombre un nombre plus grand que lui.

Imaginez des variations de température.

POUR VOUS ENTRAÎNER

1 Positif, négatif, relatif, entier…

Parmi les nombres suivants, écrivez :

a) les négatifs

b) les entiers relatifs

c) les positifs qui ne sont pas entiers

– 3 ; 5,2 ; + 6 ; – 9 ; – 0,5 ; 0 ; + 6,99 ; – 1,24.

2 Opposés mais tous relatifs.

Écrivez l'opposé de chaque relatif.

+ 3,14 ; – 4 ; 6,5 ; 0 ; – 4,35.

3 Chronologie.

Placez ces événements dans l'ordre chronologique (du plus ancien au plus récent).

Prise de Milan par les Gaulois	– 396
Fondation des Jeux Olympiques	– 776
Début du règne de Salomon	– 962
La guerre de Troie	– 1 250
Début du règne d'Aménophis IV	– 1 379
Naissance de Socrate	– 470

4 Sur une droite graduée.

Lisez les abscisses des points.

Attention, il faut 5 carreaux pour 1 unité.

5 Dans le plan.

Lisez les coordonnées des points.

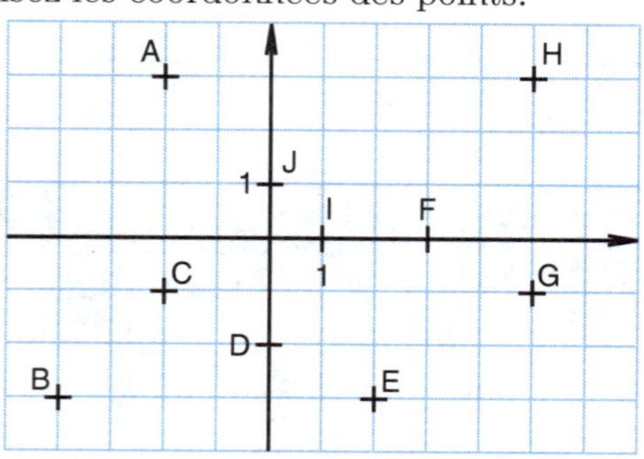

On commence toujours par lire l'abscisse sur l'axe horizontal et ensuite, on lit l'ordonnée sur l'axe vertical.

6 Bataille navale.

À chacune des coordonnées suivantes, vous direz « touché » si le point correspondant est sur une des figures coloriées et « manqué » sinon.

Remarquez qu'il faut 2 carreaux pour 1 unité.

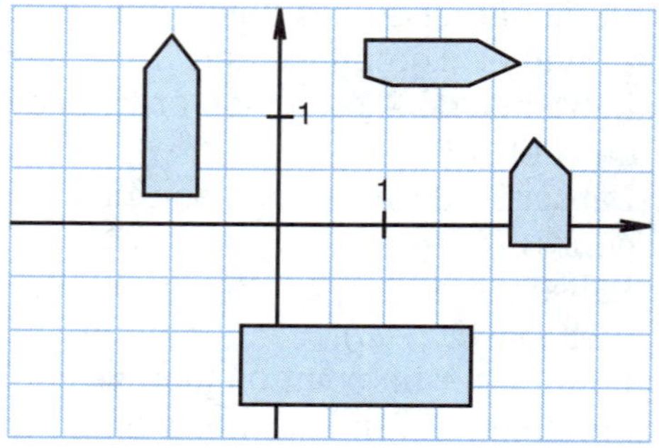

(1 ; 2), (2 ; 1,5) ; (– 1 ; 0,5), (3 ; 0), (0 ; – 1), (– 1 ; – 1), (2 ; – 1), (– 1 ; 2).

7 Calculez.

7 – 3 ; 8 – 10 ; 5 – 9 ; 12 – 9 ; 21 – 30.

8 Calculez.

– 7 + 3 ; – 8 + 12 ; – 5 + 9 ; – 9 + 20.

9 Calculez.

– 3 – 7 ; – 1 – 9 ; – 9 – 8 ; – 2 – 14 ; 0 – 3.

10 Température moyenne.

Voici un relevé de températures, calculez la température moyenne de cette semaine.

Lundi 30 octobre 1995	– 3° C
Mardi 31 octobre 1995	– 2° C
Mercredi 1er novembre 1995	– 1° C
Jeudi 2 novembre 1995	+ 2° C
Vendredi 3 novembre 1995	– 2° C
Samedi 4 novembre 1995	0° C
Dimanche 5 novembre 1995	– 1° C

Vous devez ajouter les températures et attribuer à chaque jour la même température pour retrouver ce total.

test … /20

1 **Trouvez la position des points et découvrez le message secret de cinq lettres.**

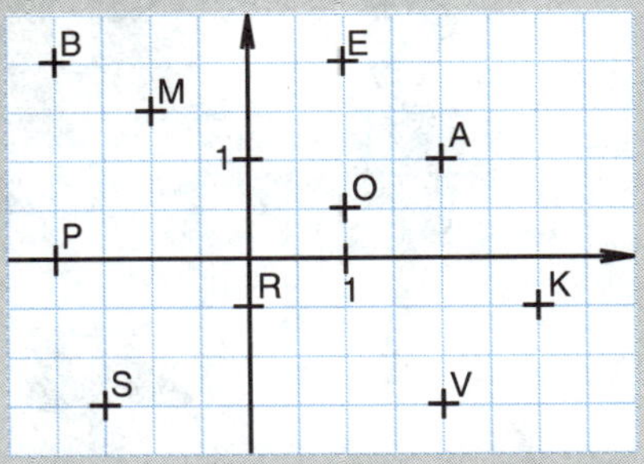

1re lettre : son abscisse et son ordonnée sont opposées.
2e lettre : son abscisse est égale à zéro.
3e lettre : ses coordonnées sont (2 ; 1).
4e lettre : ses coordonnées sont (2 ; – 1,5).
5e lettre : son ordonnée est 0,5.

....

…/5

2 **Recopiez dans l'ordre croissant.**

+ 5 ; – 0,5 ; – 3 ; 2,5 ; 2,25 ; – 6,2 ; – 6,25.

....

....

…/3

3 **Vrai ou Faux, cochez la bonne case.**

	Vrai	Faux
4 et – 5 sont opposés		
– 3 est un nombre relatif		
l'abscisse est un nombre		
– 12 est inférieur à – 10		

…/4

4 **Calculez.**

(– 2) + 3 =

8 – 18 =

– 19 + 14 =

(+ 6) + (+ 5) =

– 150 + 5 =

(+ 5) – (+ 9) =

– 7 + 23 =

18 – (+ 7) =

(– 1) + 100 =

– 600 + 750 =

…/5

5 **Complétez le diagramme.**

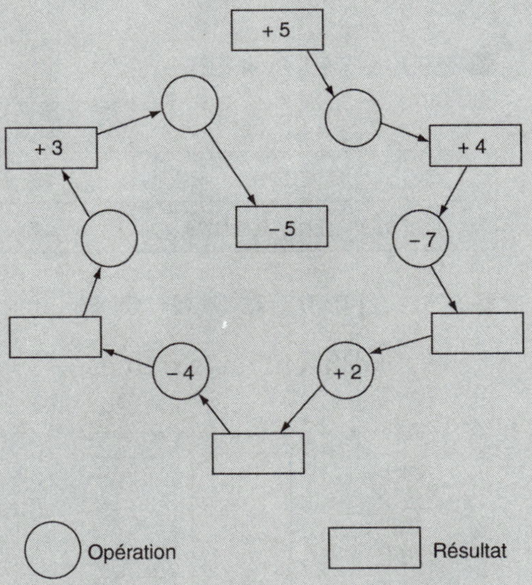

…/3

10 Pourcentages et statistiques

POUR RETENIR L'ESSENTIEL

POURCENTAGES

Notation : 18 % = $\frac{18}{100}$ = 0,18

CALCULER UN POURCENTAGE

Sur 25 questions posées par Raphaël, Maud a répondu 18 fois correctement.

Elle a donné 72 % de bonnes réponses car 18 ÷ 25 = 0,72 = $\frac{72}{100}$.

APPLIQUER UN POURCENTAGE

Une réduction de 20 % est offerte sur un article qui coûtait 380 F.

Cette réduction est de 76 F car $\frac{20}{100}$ x 380 = 0,2 x 380 = 76 F.

Finalement, l'article sera payé 304 F.

STATISTIQUES

Au collège Évariste Galois, les élèves sont soit externes soit demi-pensionnaires.

TABLEAU DE DONNÉES

	6^e	5^e	4^e	3^e
Externes	72	75	69	72
Demi-pensionnaires	48	66	45	57

REPRÉSENTATIONS GRAPHIQUES

Effectif des externes

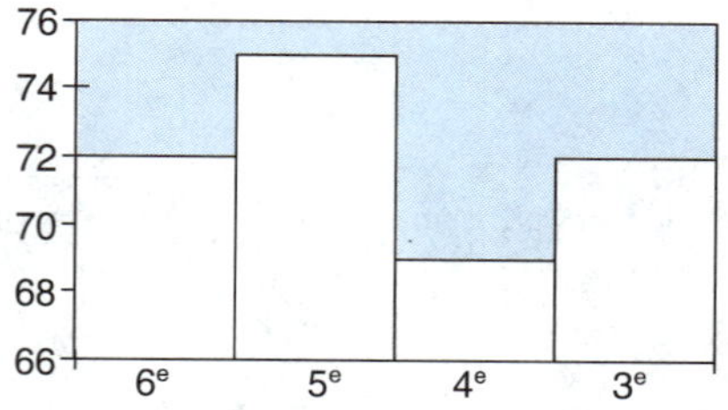

Répartition des 6^e

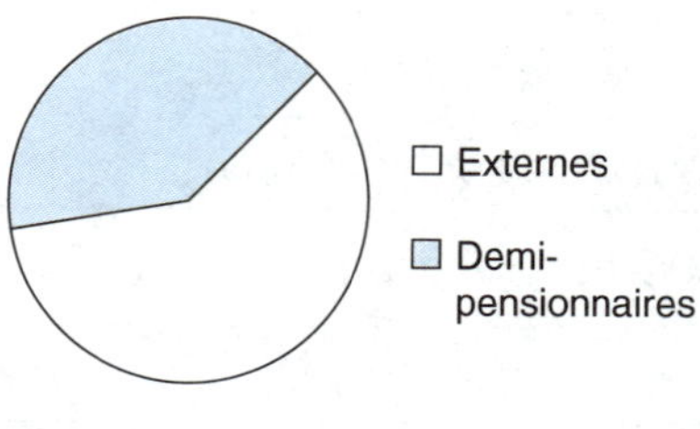

Comment appliquer un pourcentage

Un article est vendu avec une réduction de 15 %. Calculez le nouveau prix de vente sachant qu'avant cette promotion l'article coûtait 365,40 F.

Correction

On calcule le montant de la réduction : 15 % de 365,4.

$\frac{15}{100} \times 365{,}4 = \frac{15 \times 365{,}4}{100} = \frac{5\,481}{100} = 54{,}81.$

On calcule ensuite le prix promotionnel.

365,4 – 54,81 = 310,59.

Le nouveau prix est 310,59 F.

On peut aussi calculer 15 % de 365,4 sans fraction :
0,15 x 365,4 = 54,81.

Comment calculer un pourcentage

Anita, le premier délégué de la classe de 6e B, a été élue à la majorité absolue : 18 voix sur 30.
Calculez le pourcentage des voix exprimées pour Anita.

Correction

$\frac{18}{30} = \frac{18 \times 100}{30 \times 100} = \frac{(18 \times 100) \div 30}{100} = \frac{60}{100} = 60\ \%.$

Anita a été élue avec 60 % des suffrages.

On peut aussi calculer sans fraction :
18 ÷ 30 = 0,6 = 60 %.

Comment lire un graphique

Lisez, sur le graphique, le nombre d'animaux domestiques.
Reportez ces données dans un tableau.

Correction

animaux	effectif
chiens	9,5 milions
chats	6,5 millions
oiseaux	9 millions
autres	13,5 millions

Effectifs des animaux domestiques en France (en millions)

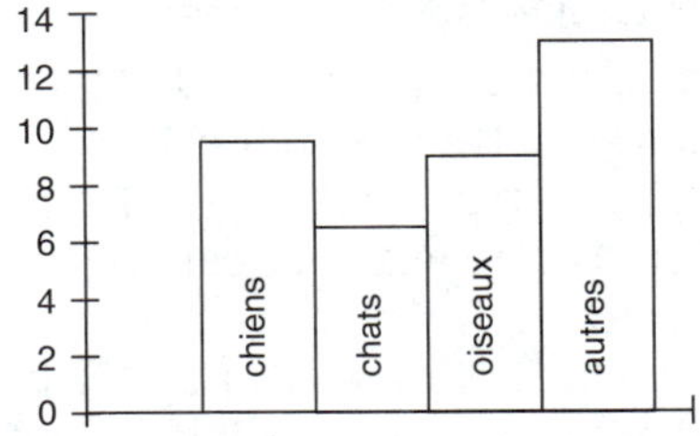

1 L'augmentation

La société M.A.T.H. a augmenté ses tarifs de 9 %. Calculez le montant de l'augmentation d'un article qui était vendu 180 F puis calculez son nouveau prix.

2 La réduction.

Kevin a 11 ans, il bénéficie d'une réduction de 35 % sur un billet d'avion qui coûte 1 150 F au tarif plein. Combien ses parents paieront-ils son billet d'avion ?

3 M. le Président.

Le président de l'association a été élu avec 27 voix pour lui, 15 contre lui et 3 votes blancs. Calculez le pourcentage des voix exprimées pour le président par rapport au nombre total de suffrages.

4 La population de quelques pays européens en 1990.

La deuxième colonne du tableau indique le pourcentage de la population de ces pays par rapport au total de la population communautaire européenne : 343,8 millions.
Complétez le tableau.

pays	%	population en millions
Allemagne	23,1	79,4
Espagne	11,3	
France	16,3	
Italie	16,8	
Belgique	2,9	

5 La télé câblée, savoir comparer.

En France, il y a 21 millions de foyers et 2,5 millions d'entre eux sont câblés.
En Irlande, il y a 1 million de foyers et 0,5 million d'entre eux sont câblés.

Calculez, pour la France et pour l'Irlande le pourcentage de foyers câblés. Peut-on dire que les Français sont plus câblés que les Irlandais ?

6 Complétez le tableau en utilisant la courbe de poids du petit Nicolas.

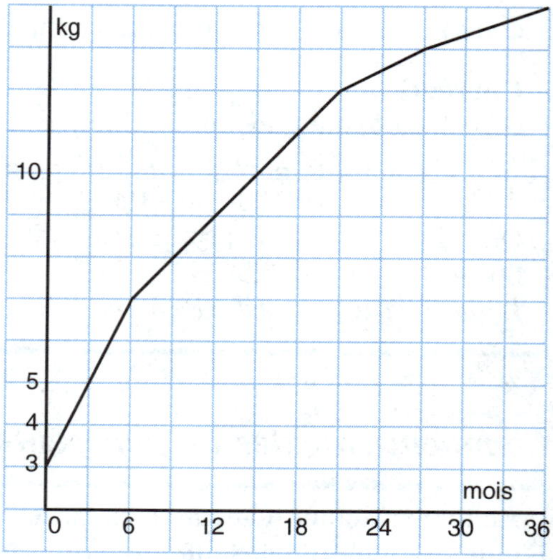

âge en mois	3	6	9	12	15	…
poids en kg						

7 Les activités du mercredi après-midi.

Parmi les 28 élèves de la classe de 6e, 10 ont une activité sportive (S), 7 une activité artistique (A), 5 une activité culturelle (C) et les autres sont restés à la maison (M) avec leur famille ou des amis.
Complétez le graphique.

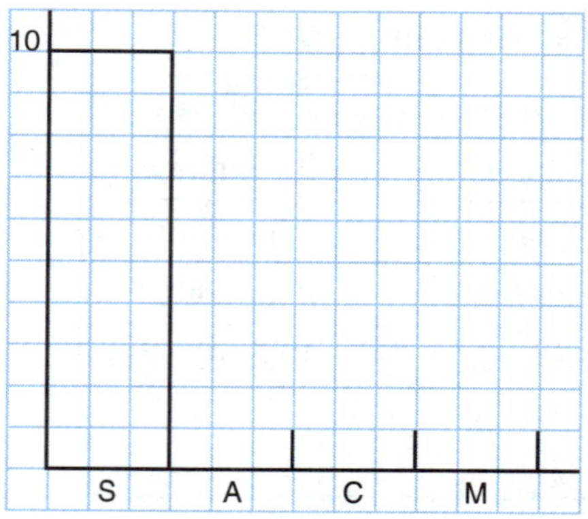

test .../20

1 Trouvez le juste prix.

Un article coûtait 80 F, son prix a subi une réduction de 12 %. Quel est son nouveau prix ? Cochez la bonne case.

68 F ☐ 9,60 F ☐ 89,60 F ☐ 70,40 F ☐

.... /3

2 Toutes proportions gardées.

En 6ᵉ A, il y a 30 élèves et 12 d'entre eux ont une activité sportive.
En 6ᵉ B, il y a 25 élèves et 10 d'entre eux ont une activité sportive.

Cochez la bonne conclusion.

☐ Le pourcentage des sportifs est plus élevé en 6ᵉ A.

☐ Le pourcentage des sportifs est plus élevé en 6ᵉ B.

☐ Le pourcentage des sportifs est le même en 6ᵉ A et en 6ᵉ B.

.... /3

3 Les chiens d'appartement.

Il y a, en France 9,5 millions de chiens et 21 % d'entre eux vivent en appartement.

Calculez le nombre de chiens vivant en appartement.

....

....

.... /5

4 Population rurale, population urbaine.

Un tableau et un graphique montrent l'évolution de la répartition de la population française depuis 1800 jusqu'à 1980.

Les effectifs de la population rurale (à la campagne) et de la population urbaine (en ville) sont donnés en millions d'habitants.

Complétez le graphique à l'aide du tableau (4 points) et complétez le tableau à l'aide du graphique (5 points).

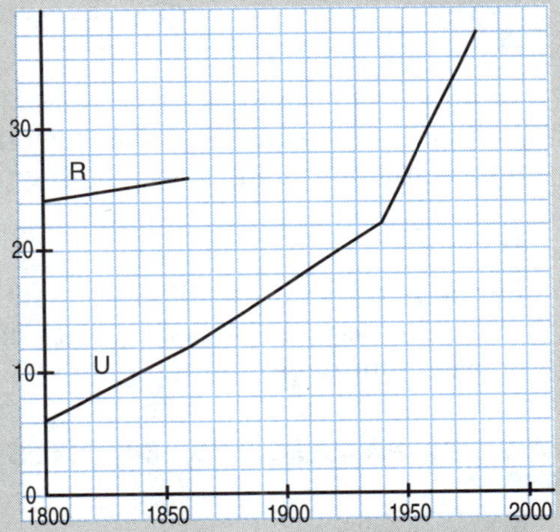

années	pop. urbaine	pop. rurale
1800	6	24
1860		26
1910		22
1940		20
1970		17
1980		14

.... /9

POUR RETENIR L'ESSENTIEL

11 Avec la règle et l'équerre

SUR UNE DROITE OU SUR UN SEGMENT

NOTATIONS

On note (AB) la droite qui passe par A et B.
On note [AB] le segment d'extrémités A et B ; on note AB sa longueur.
On note [AB) la demi-droite d'origine A passant par B.
« M est un point de la droite Δ » se note : $M \in \Delta$.
« M n'est pas un point de la droite Δ » se note $M \notin \Delta$.

MILIEU D'UN SEGMENT

Le milieu d'un segment est le point situé sur ce segment et équidistant (à égale distance) des extrémités. La distance du milieu d'un segment à une extrémité est égale à la moitié de la longueur de ce segment.

RÈGLES

Par deux points distincts, on ne peut tracer qu'une seule droite.
Deux droites qui ont deux points distincts en commun sont égales. On dit aussi qu'elles sont *confondues*.

DROITES PARALLÈLES, DROITES PERPENDICULAIRES

NOTATION

D // D' signifie : D et D' sont parallèles. D $\perp$ D' signifie : D et D' sont perpendiculaires.

RÈGLES

• Étant donnés un point et une droite, on ne peut tracer par ce point qu'une seule parallèle à cette droite. Deux droites parallèles qui ont un point en commun sont confondues.

• Deux droites parallèles à une même droite sont parallèles entre elles.
Deux droites perpendiculaires à une même droite sont parallèles entre elles.
Si deux droites sont parallèles, toute perpendiculaire à l'une est aussi perpendiculaire à l'autre.

UTILISATION DE L'ÉQUERRE

L'équerre permet de *tracer* des droites perpendiculaires ou des droites parallèles, de *vérifier* que deux droites sont perpendiculaires ou qu'un angle est droit.

Comment reconnaître et nommer des droites

Observez la figure ci-dessous et répondez.
a) Nommez les droites perpendiculaires à (AB) puis les perpendiculaires à (FD).
b) Nommez les droites parallèles à (BE) puis les parallèles à (BD).
c) Les droites suivantes sont-elles sécantes ? (AB) et (BE) ; (AB) et (HC) ; (AB) et (FD).

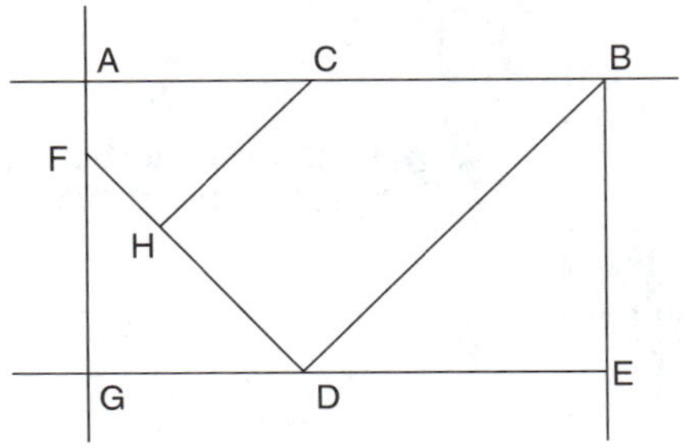

Les droites sont des objets géométriques, on ne fait que les représenter sur les dessins. On ne trace qu'une partie des droites mais il faut penser qu'elles sont illimitées.
La droite (CD) existe même si elle n'est pas représentée, elle passe par les deux points C et D.

On peut écrire (AG) ou (AF) ou (FG) pour nommer la même droite.

Correction

a) Trois façons de répondre pour (AB) :
- (AG) est perpendiculaire à (AB), (BE) est perpendiculaire à (AB) et (CD) aussi.
- (AB) et (AG) sont perpendiculaires. (AB) et (BE) sont perpendiculaires, (CD) et (AB) le sont aussi.
- (AG), (BE) et (CD) sont perpendiculaires à (AB).

De même (CH) et (BD) sont perpendiculaires à (FD).
b) (AG) et (CD) sont parallèles à (BE). (CH) et (BD) sont parallèles.
c) (AB) et (BE) sont sécantes en B ; (AB) et (HC) sont sécantes en C ; (AB) et (FD) sont sécantes mais leur point d'intersection n'est pas sur la figure.

Deux droites peuvent être sécantes même si leurs représentations ne se coupent pas sur la figure.

Comment tracer et mesurer un segment

Sur la droite (AB), tracez un segment [AP] tel que AP = 4 cm.

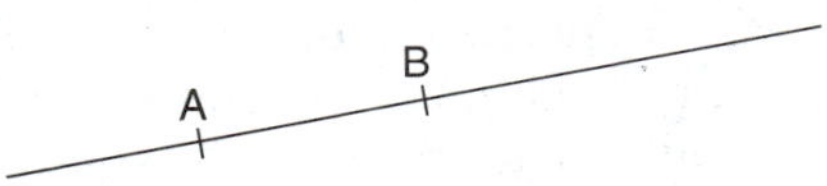

Correction

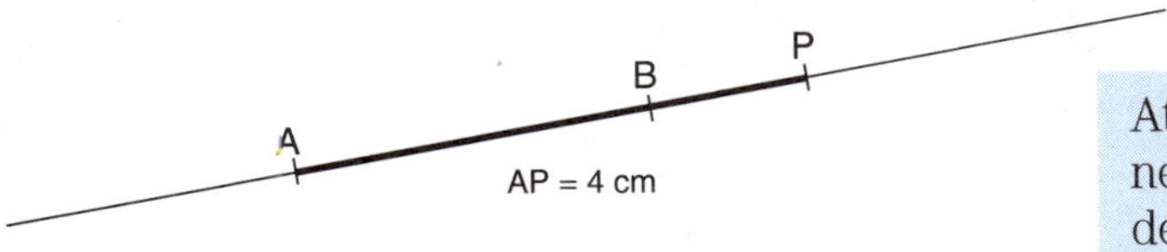

Le point A du segment [AP] est le point A de la droite (AB) : sur le même dessin, deux points différents ne peuvent pas porter le même nom. On aurait pu aussi placer le point P à gauche de A, il y a deux solutions.

Attention, « sur » la droite ne signifie pas « au-dessus de » la droite. Les points du segment [AP] font partie des points de la droite, on représente [AP] « par-dessus » (AB).

POUR VOUS ENTRAÎNER

1 Tracez dans le cadre un segment de longueur 7 cm.

2 Tracez, sur la droite Δ un segment de longueur 5 cm et marquez M le milieu de ce segment.

3 Marquez un point M sur le segment [AB]. Marquez un point P sur la demi-droite [AB) mais en dehors du segment [AB].

Marquez un point S sur la demi-droite [BA) mais en dehors du segment [AB].

4 Tracez la perpendiculaire à (AB) passant par B, marquez le point C sur la droite Δ pour que le triangle ABC soit rectangle en B.

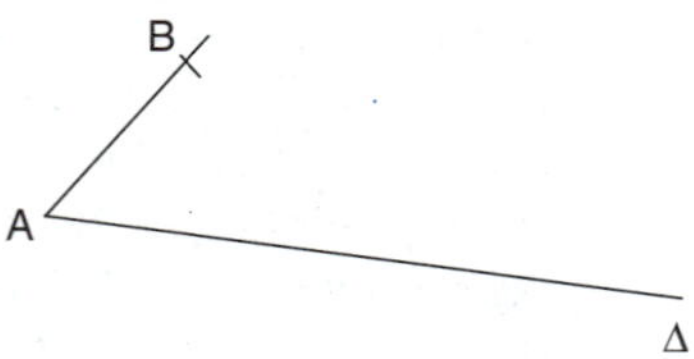

5 Construisez, sur la droite Δ, le sommet C du triangle ABC rectangle en C.

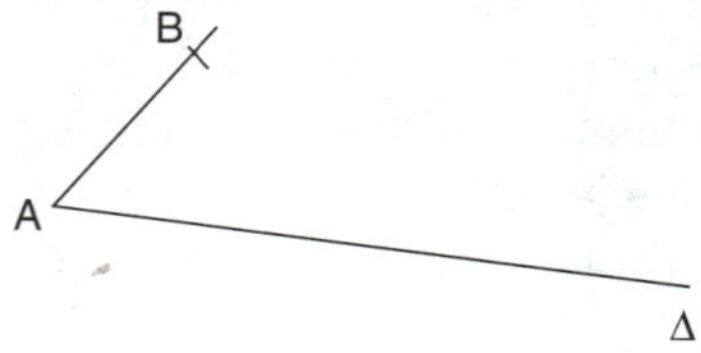

6 Complétez le triangle PQR sachant que (PQ) // (AB) et (RQ) // (AC).

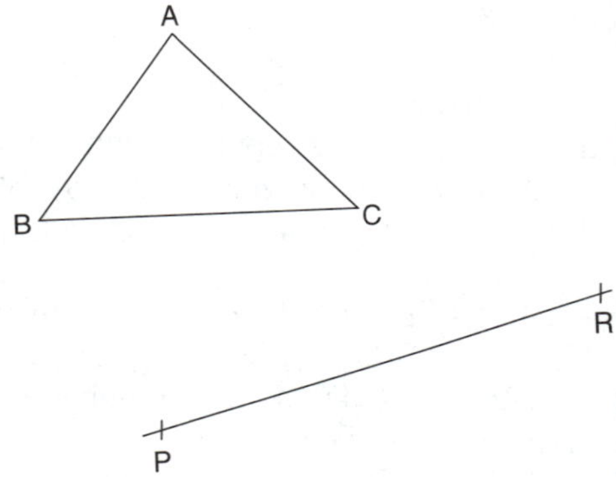

7 Pour chaque côté du triangle, tracez la droite qui passe par son milieu et qui lui est perpendiculaire.

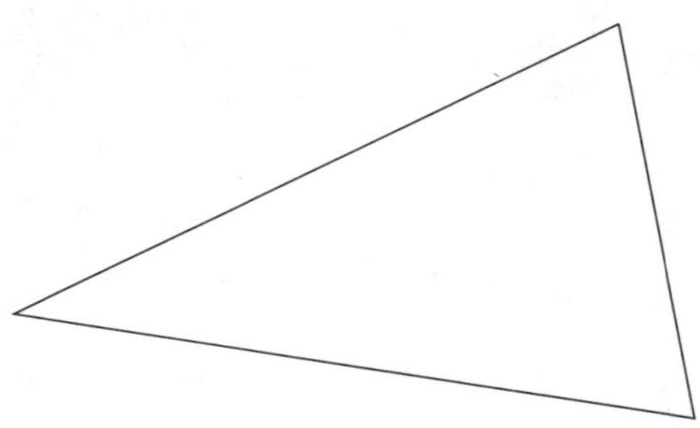

8 Mesurez les côtés du triangle de l'exercice n° 7 et calculez son périmètre.

1 **Observez la figure et reliez les droites perpendiculaires.**

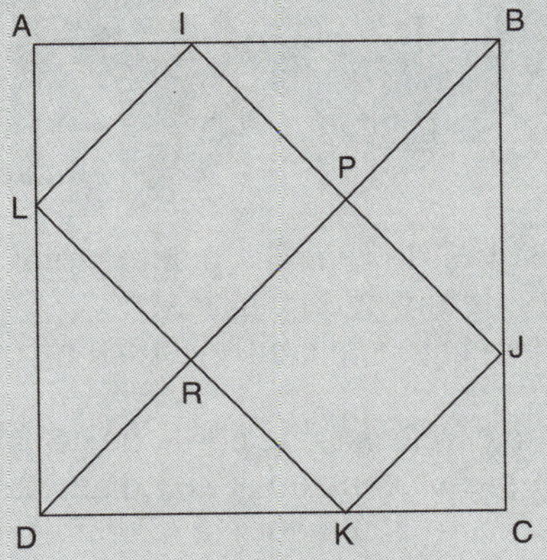

(AB)	•	•	(AB)
(IJ)	•	•	(IJ)
(BD)	•	•	(BD)
(BC)	•	•	(BC)
(LI)	•	•	(LI)
(PK)	•	•	(PK)

.... /4

2 **Reliez les droites parallèles.**
(Voir figure de l'exercice 1).

(AB)	•	•	(AB)
(DC)	•	•	(DC)
(LP)	•	•	(LP)
(IJ)	•	•	(IJ)
(BD)	•	•	(BD)
(JK)	•	•	(JK)

.... /4

3 **Vrai ou Faux ? Cochez la bonne case.** (Voir figure de l'exercice 1).

	Vrai	Faux
J est le milieu de [BC]		
R est le milieu de [LK]		
(AB) et (JL) sont sécantes		
(IR) ⊥ (KC)		
(LR) et (IK) se coupent en K		

.... /4

4 **Tracez la perpendiculaire à (AC) passant par M et la perpendiculaire à (BC) passant par M.**

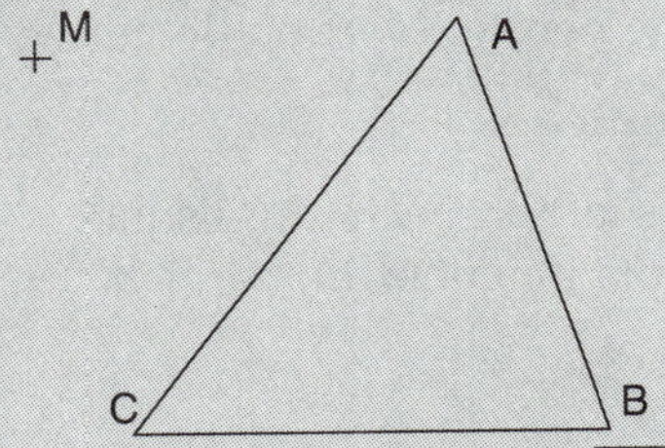

.... /4

5 **Complétez le triangle FGH sachant que (FH) // (AC) et (GH) // (AB).**

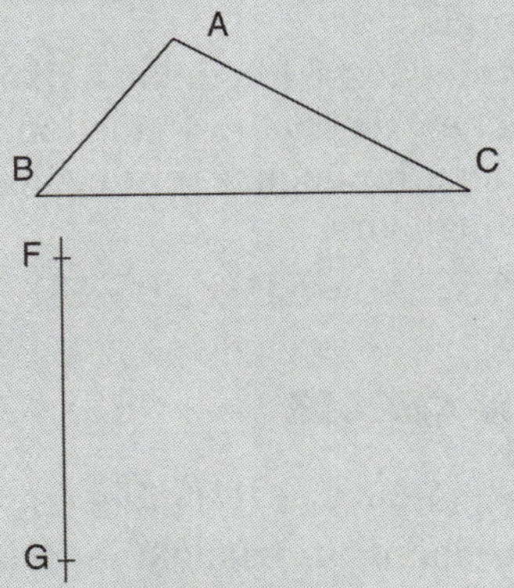

.... /4

12 Avec la règle et le compas

LE CERCLE ET LE DISQUE

Cercle : de centre O et de rayon R, il est constitué de tous les points situés à la même distance R du centre O. Cette distance est *le* rayon du cercle.
Rayon : un segment délimité par un point d'un cercle et son centre est *un* rayon de ce cercle.
Corde : un segment délimité par deux points d'un cercle est une corde de ce cercle.
Diamètre : une corde ou une droite qui passe par le centre est *un* diamètre du cercle. Tous les diamètres ont la même longueur, cette longueur est *le* diamètre du cercle. Le diamètre du cercle est égal au double du rayon.
Disque : un disque est la partie du plan délimitée par un cercle ; la distance entre un point du disque et le centre du cercle est inférieure ou égale au rayon.
Arc de cercle : portion de cercle limitée par deux points de ce cercle.

Formules :

$\mathcal{P}$ est le périmètre du disque ou la longueur du cercle.

$\mathcal{P} = 2 \times \pi \times \textit{rayon}.$

$\mathcal{A}$ est l'aire du disque.

$\mathcal{A} = \pi \times \textit{rayon} \times \textit{rayon}.$

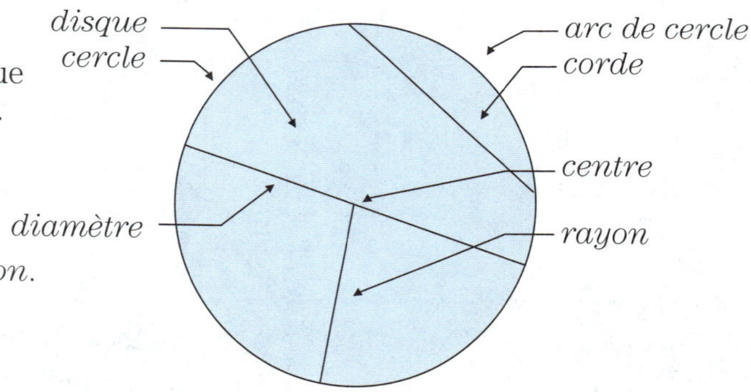

LE COMPAS

Le compas permet de *tracer* un cercle ou un arc de cercle.
Il permet aussi, lorsqu'on a fixé l'écartement des branches, de *reporter* une longueur, de *vérifier* que deux longueurs sont égales et de *comparer* des longueurs.

Ex. : AB = CD et AB < EF

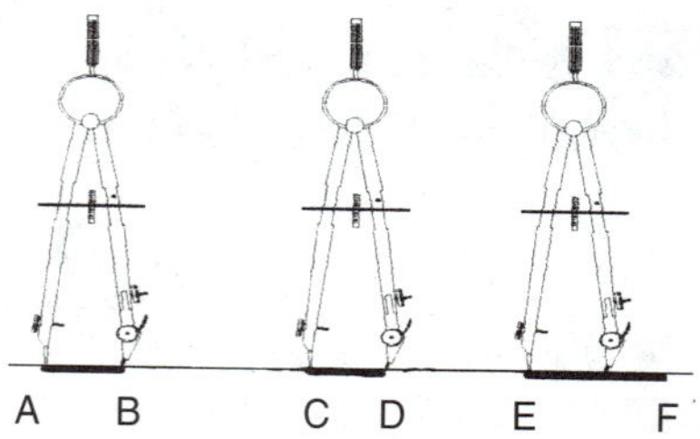

SUR UN CERCLE

Deux points A et B d'un cercle de centre O et de rayon *r* déterminent un triangle *isocèle* en O c'est-à-dire un triangle dont les côtés OA et OB ont la même longueur, cette longueur est égale au rayon du cercle.

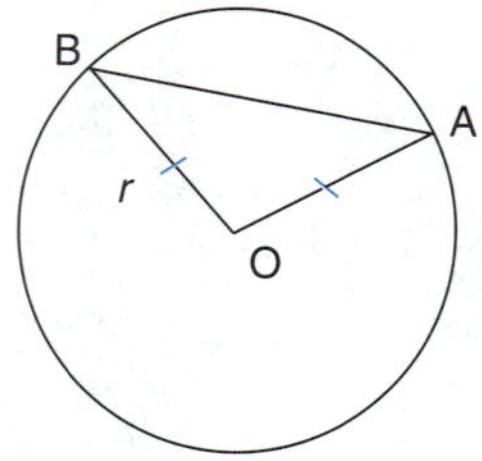

Comment construire un point

Sur la droite d, construisez un point M tel que AM = 4 cm.

Il ne faut pas faire tourner sa règle autour du point A mais utiliser le compas.

Correction

Les points situés à 4 cm de A sont sur le cercle de centre A et de rayon 4 cm.

Le point M cherché est donc à la fois sur ce cercle et sur d. Remarquez qu'il y a deux points M répondant à la question.

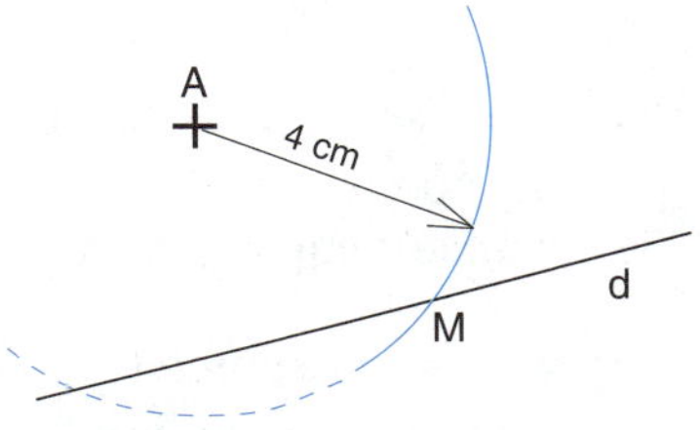

Ne tracez pas vos arcs de cercles trop petits. Vous risquez, sinon, de devoir recommencer le tracé ou d'oublier certaines solutions.

Comment construire un triangle

On a commencé la construction d'un triangle JEU par le tracé du côté [EU] de longueur 4,5 cm. Terminez cette construction sachant que JE = 4 cm et JU = 5 cm.

Correction

- Le point J est à la fois sur le cercle de centre E de rayon 4 cm et sur le cercle de centre U de rayon 5 cm.
- On prend un écartement de 4 cm et on trace un arc de cercle de centre E, on prend un écartement de 5 cm et on trace un arc de cercle de centre U.
- On a tracé ces arcs pour qu'ils se coupent. J est le point d'intersection.
- On trace ensuite les côtés du triangle. Remarquez qu'il y a deux points J qui répondent à la question.

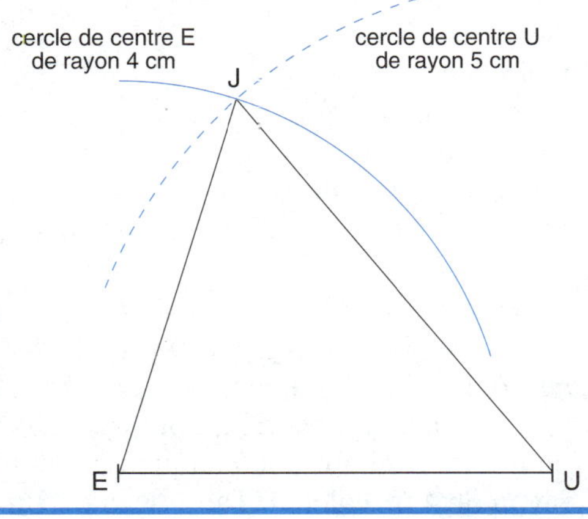

Pensez à traduire une indication de distance entre deux points à l'aide d'un cercle :
JE = 4 cm signifie J est sur le cercle de centre E et de rayon 4 cm.

POUR VOUS ENTRAÎNER

EXERCICES

1 Tracez un cercle de centre O et de rayon 5 cm. Placez un point A sur ce cercle.

Construisez, sur ce cercle, un point B tel que AB = 6 cm.

Quelle est la nature du triangle OAB ?
Calculez le périmètre du triangle OAB.

2 **À l'aide du compas seulement, construisez sur la droite d le sommet L du triangle BIL isocèle en I.**

Avec la règle maintenant, tracez ce triangle.

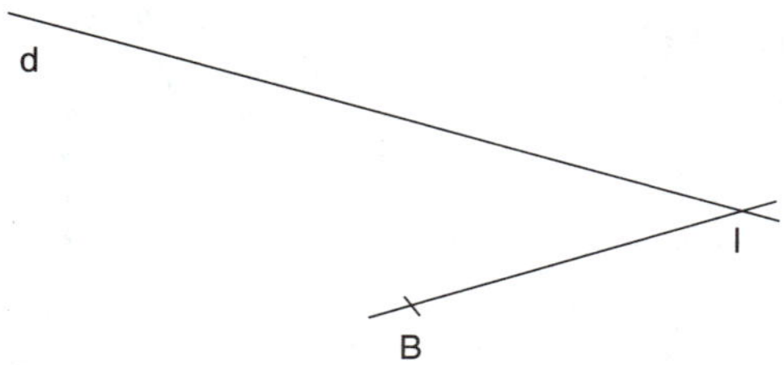

3 **À l'aide du compas seulement, construisez sur la droite d le sommet L du triangle BIL isocèle en B.**

Avec la règle maintenant, tracez ce triangle.

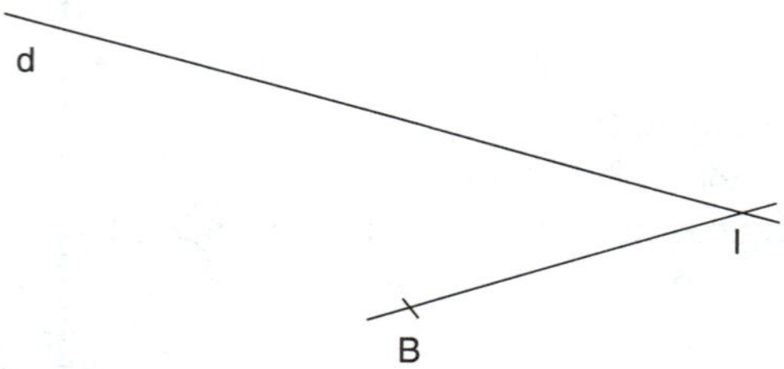

4 **Reproduisez, avec les mêmes dimensions, ce triangle sur votre cahier de brouillon.**

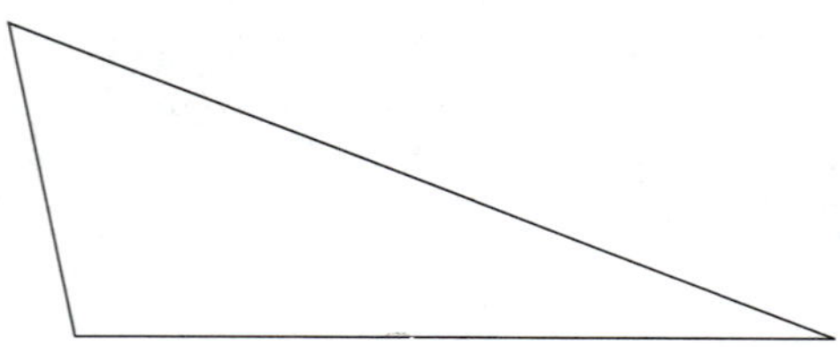

Avez-vous mesuré la longueur des côtés ? Si la réponse est oui, recommencez en utilisant le compas pour reporter ces longueurs.

5 Reproduisez, avec les mêmes dimensions, ce secteur de disque sur votre cahier de brouillon (le centre du cercle est l'intersection des deux segments).

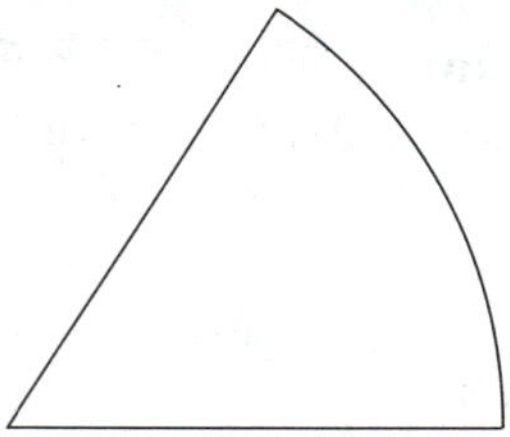

Avez-vous mesuré la longueur des côtés ? Si la réponse est oui, recommencez en utilisant le compas pour reporter ces longueurs.

6 **Suivez le guide !**

Tracez un segment [AB] tel que AB = 4,5 cm. Tracez le cercle de centre A qui passe par le point B. Construisez sur ce cercle un point C tel que BC = 7 cm. Placez le point P tel que P ∈ [BC] et BP = 5,5 cm puis tracez par P la perpendiculaire au diamètre (AB). Cette droite coupe le cercle en deux points, nommez-les S et T pour que TP < PS. Tracez enfin la corde [SB].

7 **Vous êtes guide…**

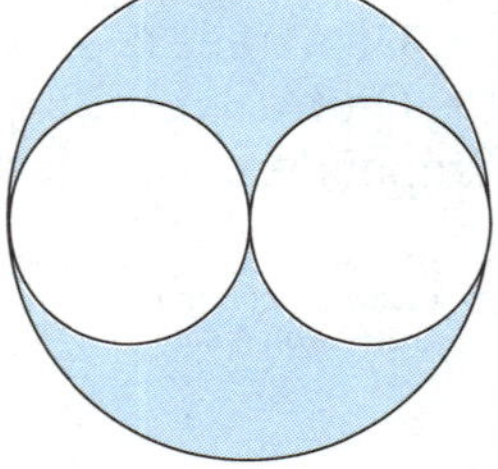

À vous maintenant d'écrire un texte qui permette à un autre élève de construire la figure exactement sans l'avoir vue avant.

Pensez à donner des noms aux points qui seront utiles aux constructions.

8 **Le parc floral.**

La figure de l'exercice 7 représente une aire d'un parc floral, la partie grisée est en gazon et les deux cercles sont des massifs de fleurs. Sachant que chaque massif a un rayon de 4 m, calculez l'aire de la partie en gazon et son périmètre.

1 Cochez la ou les phrases qui ne contredisent pas : « Le point M est à 5 cm du point O ».

M est sur le cercle de centre O et de rayon 5 cm.	
O est sur le cercle de centre M et de rayon 5 cm.	
[OM] est un diamètre d'un cercle de 5 cm de rayon.	
[OM] est un rayon d'un cercle de 5 cm de rayon.	
La distance en cm de M à O est 5.	
La longueur du segment [OM] est 5 cm.	
Le segment [OM] mesure 5 cm.	
[OM] est un rayon du cercle de centre O et de rayon 5 cm.	

.... /4

2 Le cercle de centre O a pour rayon r et le cercle de centre P a pour rayon R. Marquez sur la figure les points :

- A pour que $PA = R$ et $OA < r$.
- B pour que $OB < r$ et $PB < R$.
- C pour que $C \in (OP)$, $PC = R$ et $OC > r$.
- D et E pour que $OD = r$, $PD = R$, $PE = R$ et $EO = r$.

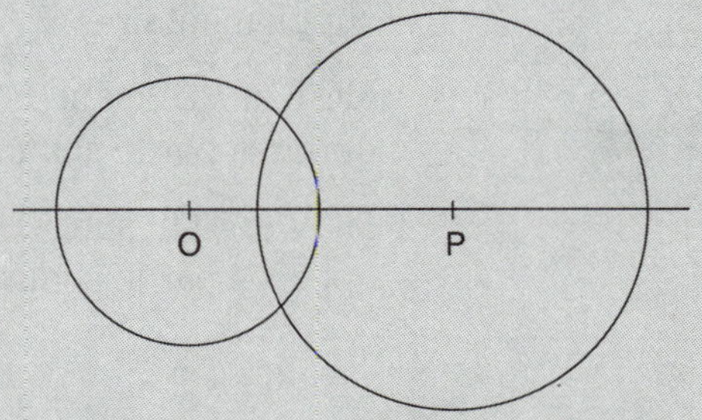

.... /4

3 Avec le compas seulement

Sur la droite d, marquez le point B pour que la longueur du segment [AB] soit égale au périmètre du triangle MPR.

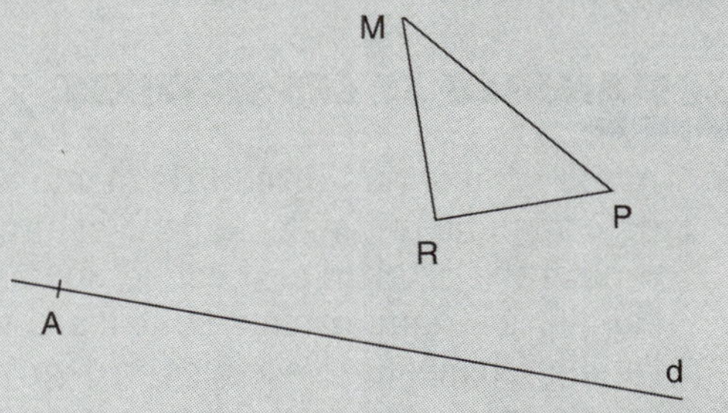

.... /4

4 Constructions.

Sur le cercle $\mathscr{C}$, construisez un point P tel que MP = 6 cm puis, sur la droite D un point R tel que PR = 4 cm.

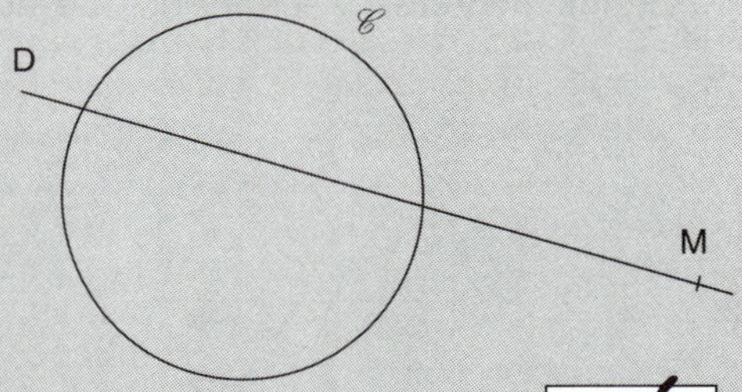

.... /4

5 Terminez le triangle ABC sachant que AB = 3,5 cm et AC = 4 cm

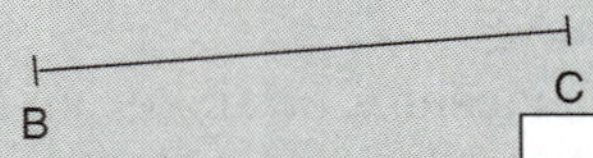

.... /4

13 Les angles et le rapporteur

POUR RETENIR L'ESSENTIEL

LES ANGLES ET LES DROITES

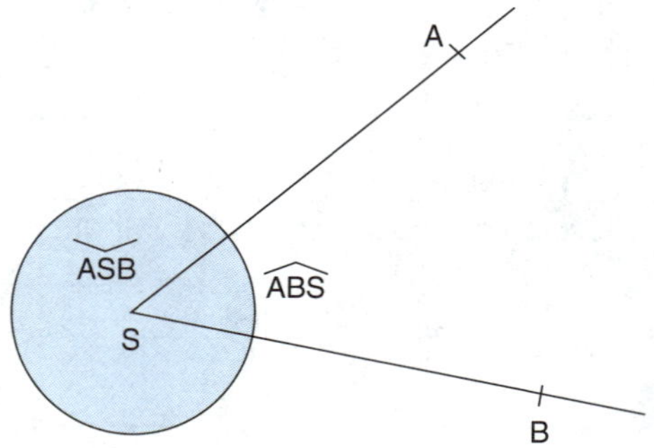

Angle : deux demi-droites de même origine déterminent un angle saillant et un angle rentrant. Cette origine est le sommet de l'angle, les demi-droites sont les côtés de l'angle. On mesure les angles en degrés avec la convention : un angle droit mesure 90°.
Aigu : un angle aigu mesure moins de 90°.
Droit : un angle droit mesure 90°.
Obtus : un angle obtus mesure plus de 90° mais moins de 180°.
Plat : un angle plat mesure 180°.
Rentrant : un angle rentrant mesure plus de 180°.
Saillant : un angle saillant mesure moins de 180°.
Supplémentaire : la somme des mesures de deux angles supplémentaires est égale à 180°.

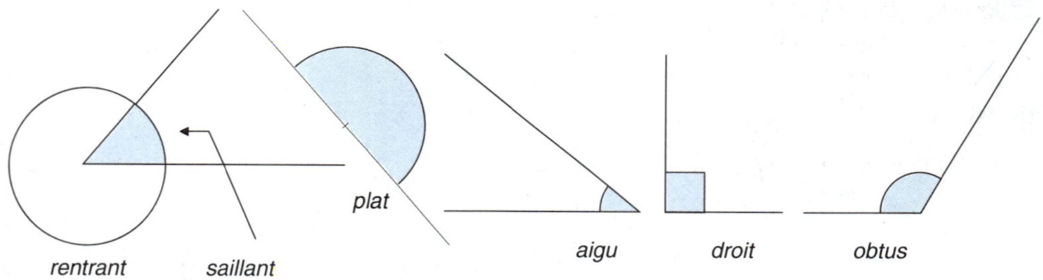

Deux droites sécantes forment des angles opposés par le sommet, de même mesure, et des angles adjacents, supplémentaires.

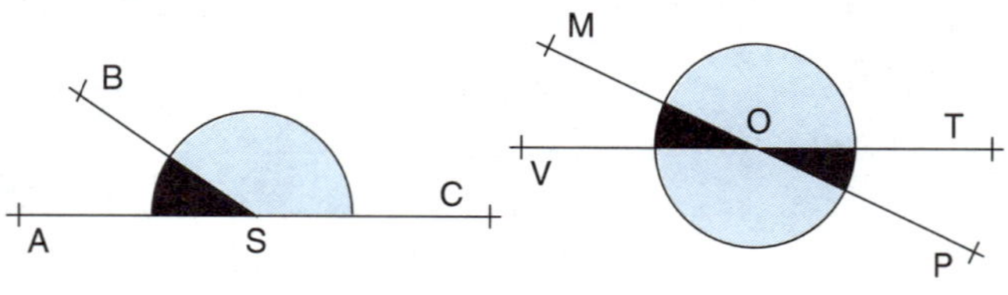

$\widehat{ASB}$ et $\widehat{BSC}$ sont supplémentaires
$\widehat{MOT}$ et $\widehat{VOP}$ sont opposés par le sommet
$\widehat{MOV}$ et $\widehat{TOP}$ sont opposés par le sommet

MESURER OU TRACER UN ANGLE

Pour mesurer ou tracer un angle, on place le centre du rapporteur au sommet de l'angle et l'origine de la graduation du rapporteur sur l'un des deux côtés de l'angle.

Comment comparer des angles

Ordonnez ces angles saillants par ordre croissant de leurs mesures.

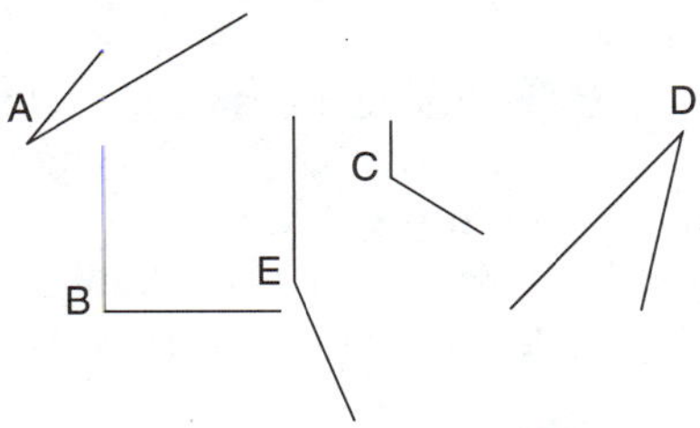

Correction

Repérons dans un premier temps les angles aigus : $\widehat{A}$ et $\widehat{D}$.

L'angle $\widehat{B}$ est droit.

Les angles $\widehat{C}$ et $\widehat{E}$ sont obtus et la mesure de $\widehat{E}$ est supérieure à celle de $\widehat{C}$.

On trouve, dans l'ordre, $\widehat{A}$, $\widehat{D}$, $\widehat{B}$, $\widehat{C}$ et $\widehat{E}$.

Les côtés d'un angle sont des demi-droites. Les dessiner complètement est impossible puisqu'une demi-droite n'est pas limitée.

Comme les côtés d'un angle sont deux demi-droites, il n'y a aucun rapport entre la mesure d'un angle et la longueur des « traits » qui représentent ses côtés.
La mesure d'un angle ne dépend que de « l'écartement » de ses côtés.

Comment tracer un angle

Complétez la figure que l'angle $\widehat{ABC}$ mesure 60°.

Correction

On place le centre du rapporteur au sommet de l'angle c'est-à-dire en B, on place le diamètre du rapporteur le long de [AB], on commence à compter à partir du zéro qui est du côté de A, on marque les 60° et on peut placer C.

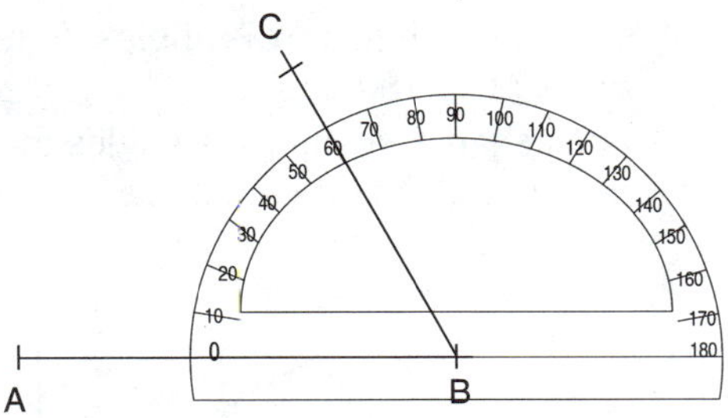

Il y a deux demi-droites [BC) possibles.

Pour tracer un angle ou mesurer un angle, on utilise la même méthode.

Attention :
- Il y a des rapporteurs gradués dans les deux sens, il faut savoir où est le zéro qui convient.
- Si le rapporteur est plus grand que les côtés tracés, il faut les prolonger.

POUR VOUS ENTRAÎNER

1 Sans mesurer.
Classez les angles de ce polygone.
a) Quels sont les angles rentrants, saillants, droits, aigus, obtus ?
b) Ordonnez-les par ordre de mesure croissante.

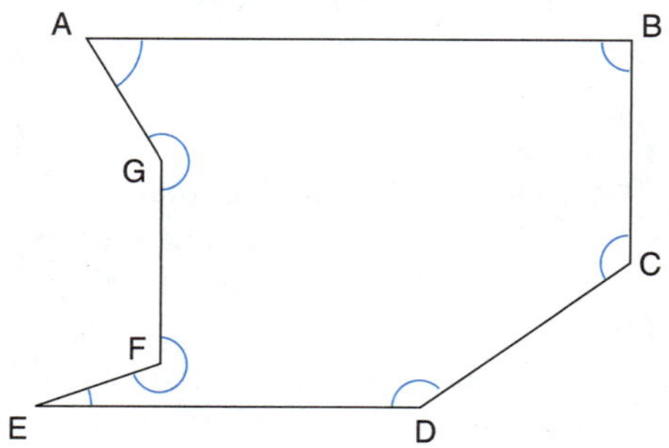

2 Mesurer à l'aide du rapporteur.

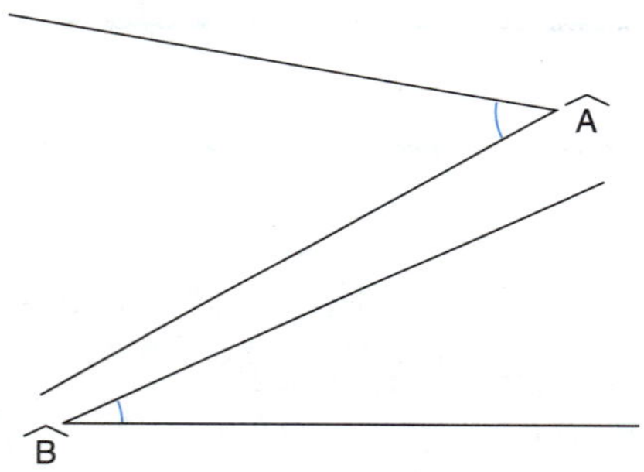

3 Tracez un triangle avec le rapporteur.
On sait que le sommet T du triangle $\widehat{TRI}$ est sur la droite Δ et que l'angle $\widehat{TRI}$ mesure 60°.

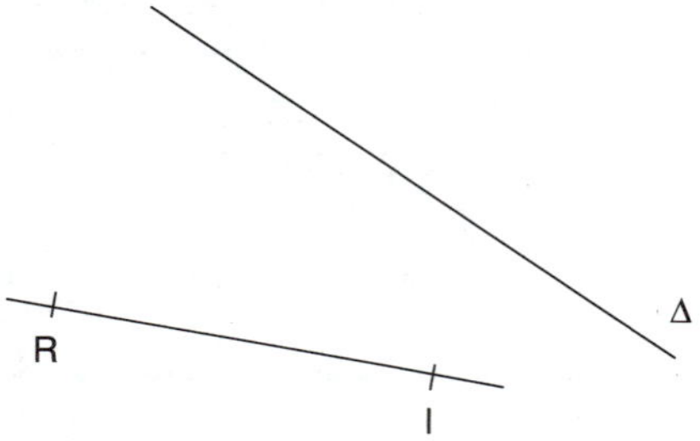

4 Tracez un segment [FI] de 7 cm de longueur puis construisez, à l'aide du rapporteur, le sommet L du triangle FIL tel que $\widehat{I} = 50°$ et $\widehat{F} = 70°$.

5 Tracez un triangle rectangle assez grand, mesurez les angles aigus et ajoutez ces mesures.
Vérifiez que cette somme est égale à 90°.
Quelle est la somme des trois angles ?

6 Tracez un segment [SO] de 6 cm de long puis construisez à l'aide du rapporteur le sommet I du triangle ISO tel que $\widehat{S} = \widehat{O} = 55°$. Mesurer les segments [IS] et [IO] et constatez que ces longueurs sont égales.

7 Calculez les angles, ne les mesurez pas !
L'angle $\widehat{1}$ mesure 55°.

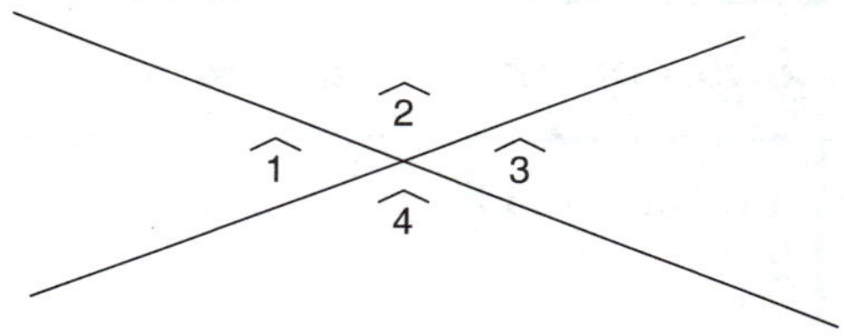

8 Écrivez des phrases utilisant le vocabulaire suivant d'après la figure de l'exercice 7.
aigu, obtus, supplémentaire, opposé.

9 La somme des trois angles d'un triangle est égale à 180°.
Le sachant, calculez les angles manquants des triangles ci-dessous.

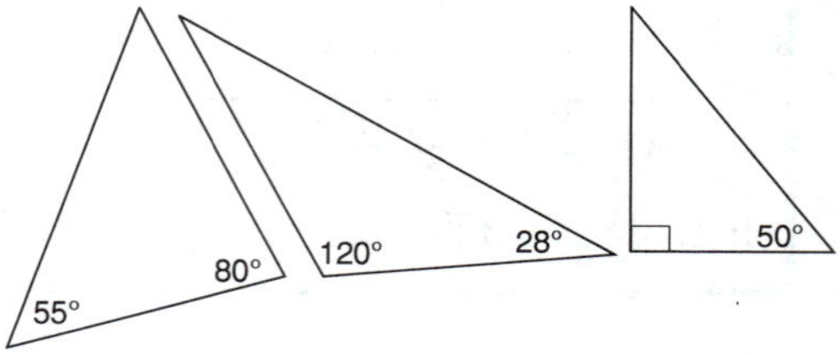

test … /20

1 Cochez les bonnes cases d'après le dessin.

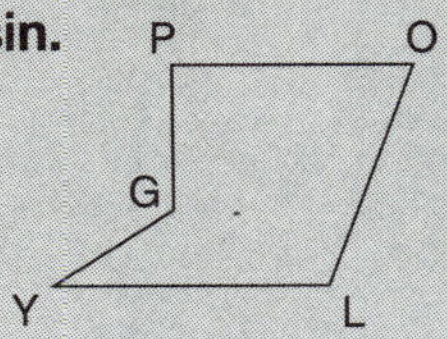

angles du polygone POLYG	$\widehat{P}$	$\widehat{O}$	$\widehat{L}$	$\widehat{Y}$	$\widehat{G}$
rentrant					
saillant					
droit					
obtus					
aigu					

…………………………… /5

2 Inscrivez V (vrai) ou F (faux) dans chaque case.

Tous les angles aigus sont saillants. ☐

Les côtés d'un angle droit sont perpendiculaires. ☐

À midi et demi les aiguilles forment un angle plat. ☐

Les côtés d'un angle de 270° sont perpendiculaires. ☐

…………………………… /4

3 Ce n'est pas bien de rapporter…

Écoutant les bons conseils, Julien a fait le dessin, mais n'a pas mesuré les angles ! Refaites le dessin, mesurez les angles.

$\widehat{B}$ = ……

$\widehat{C}$ = ……

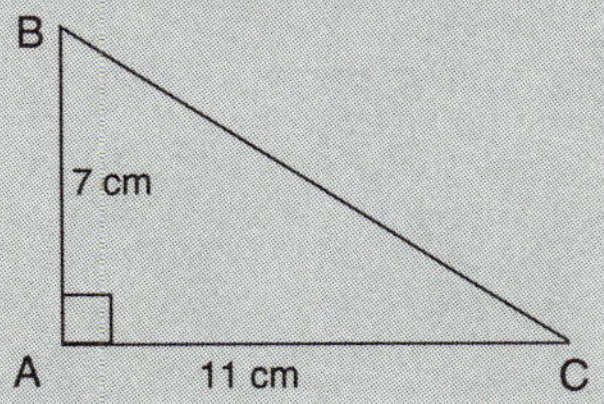

…………………………… /3

4 Construction.

Construisez un triangle ROU, sachant que RO = 5 cm, RU = 4,5 cm, $\widehat{O}$ = 55° et que les points R et O sont sur Δ.

Δ

…………………………… /4

5 Calculs de mesures d'angles. Posez votre rapporteur !

On rappelle que la somme des trois angles d'un triangle est égale à 180°.

Les deux seules informations que vous avez sont : $\widehat{N} = \widehat{O}$ et $\widehat{U}$ = 60°.

Calculez tous les angles de la figure NOEUD.

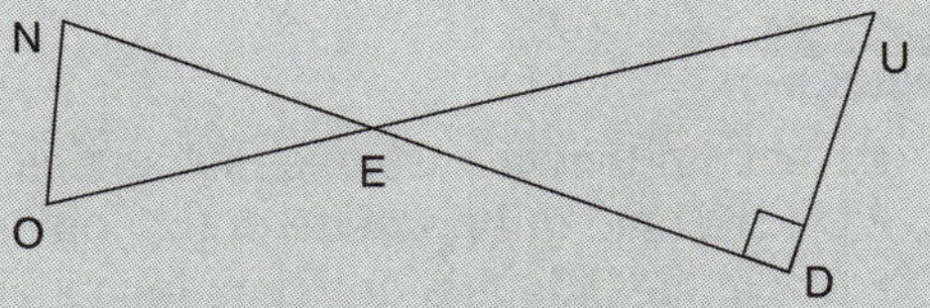

……………………………………………

……………………………………………

……………………………………………

……………………………………………

……………………………………………

…………………………… /4

14 Triangles

POUR RETENIR L'ESSENTIEL

GÉNÉRALITÉS

Un triangle est déterminé par trois points. Ces points sont les sommets du triangle. Ils déterminent trois segments : les trois côtés du triangle.

Attention : les longueurs des côtés du triangle s'appellent aussi les côtés du triangle. Un côté et un sommet sont *opposés* lorsque le sommet n'est pas une des deux extrémités du côté.
On dit aussi, dans ce cas, que le côté et l'angle sont opposés.

> Ex. : Dans le triangle ABC, les sommets sont A, B et C, les côtés sont [AB], [AC] et [BC], les angles sont $\widehat{ABC}$, $\widehat{BAC}$ et $\widehat{BCA}$, le sommet A et le côté [BC] sont opposés.

TRIANGLES PARTICULIERS

Triangle isocèle : un triangle qui possède deux côtés de même longueur est isocèle. Le sommet commun à ces côtés est le sommet principal. Le côté opposé au sommet principal est la base du triangle isocèle.
Triangle rectangle : un triangle qui possède un angle droit est un triangle rectangle, le côté opposé à l'angle droit est l'hypoténuse.
Triangle isocèle-rectangle : un triangle qui possède deux côtés perpendiculaires et de même longueur est isocèle-rectangle.
Triangle équilatéral : un triangle qui possède trois côtés de même longueur est équilatéral.

Attention : les triangles équilatéraux sont aussi des triangles isocèles.

RÈGLES

- Dans un triangle isocèle, les angles à la base sont égaux.
- Un triangle qui possède deux angles égaux est isocèle.
- Les angles aigus d'un triangle isocèle-rectangle mesurent 45°.
- Dans un triangle équilatéral, les trois angles sont égaux, ils mesurent chacun 60°.
- La somme des mesures des trois angles d'un triangle est 180°.

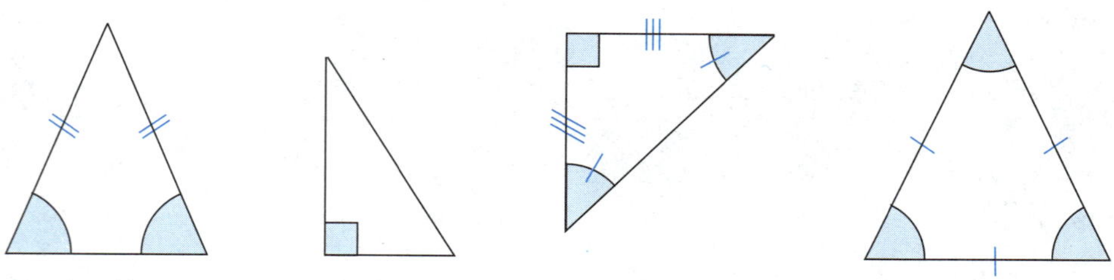

isocèle *rectangle* *isocèle-rectangle* *équilatéral*

Comment construire un triangle particulier

Construisez les points C, D et L sur la droite d pour que le triangle BAC soit isocèle en A, le triangle BAD soit isocèle en B et le triangle BAL soit isocèle en L.

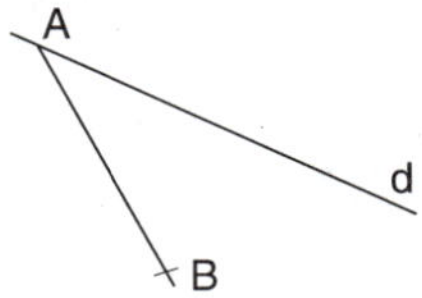

Le verbe de la consigne est *construire*. Cela signifie que vous devez dessiner avec méthode ; c'est votre méthode qui est intéressante, plus encore que le triangle final.
N'effacez pas les traits de construction !
N'essayez pas d'obtenir le résultat demandé de façon approximative !

Correction

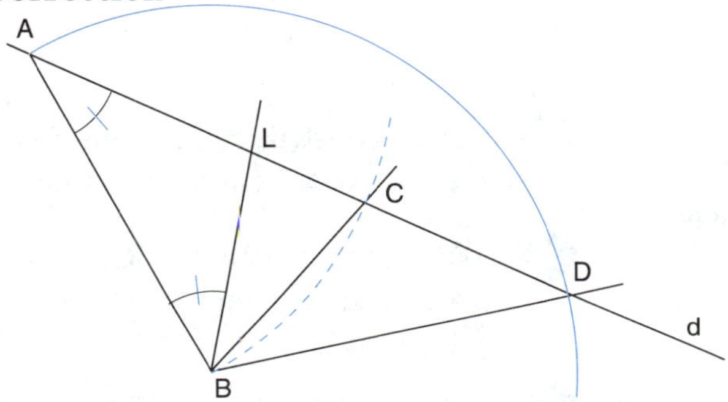

On traduit les informations de façon à pouvoir les appliquer sur le dessin. *Ex.: BAD isocèle en B signifie BA = BD donc D est sur le cercle de centre B et de rayon BA…*

- BAC est isocèle en A donc AB = AC donc C est sur le cercle de centre A et de rayon AB; comme il est aussi sur d, c'est l'une des intersections de d et de l'arc tracé.
- Même méthode pour le triangle BAD.
- BAL est isocèle en L donc les angles à la base sont égaux, on trace donc un angle de sommet B qui a même mesure que l'angle en A.

Comment reconnaître un triangle particulier

La droite Δ coupe le cercle $\mathscr{C}$ de centre O et de rayon 5 cm en deux points B et A tels que l'angle $\widehat{BOA}$ mesure 50°. Quelle est la nature du triangle BOA ? Expliquez.

La « nature » d'un triangle est le mot qui convient le mieux parmi : *isocèle, équilatéral, rectangle* ou *isocèle-rectangle.*

Correction

Il *semble* que le triangle OAB est isocèle. Prouvons-le.
A est sur le cercle donc OA est un rayon et donc OA = 5 cm.
Même raisonnement pour OB : OB = 5 cm.
Le triangle OAB possède deux côtés égaux, il est isocèle. OAB est-il équilatéral ? Non car ses angles ne sont pas égaux à 60°, on donne 50° pour l'angle en O.
Conclusion : le triangle OAB est isocèle.

Si l'énoncé ne comporte pas de figure, dessinez-en une.

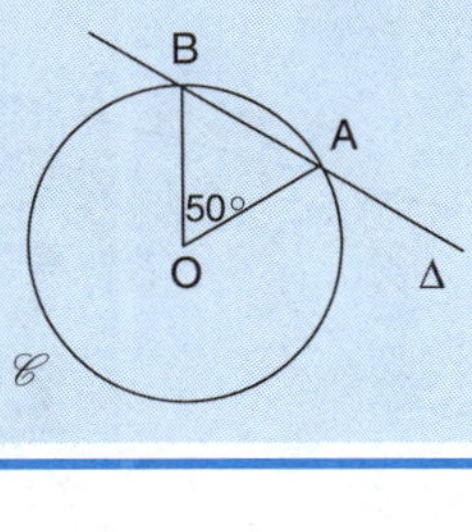

POUR VOUS ENTRAÎNER

CONSTRUCTION DE TRIANGLES

1 Reproduisez le triangle LUC.

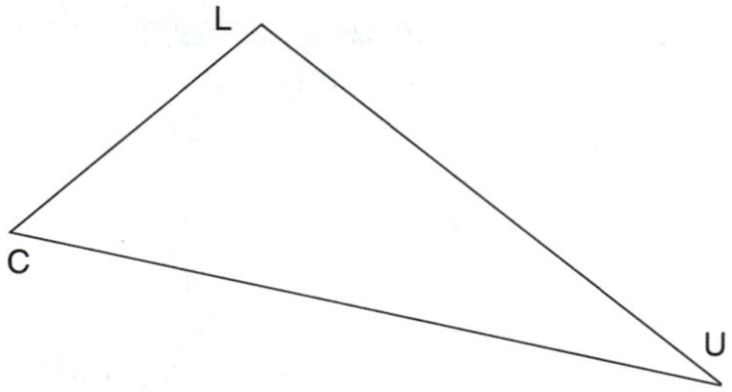

2 Construisez le triangle LAC avec les dimensions indiquées.

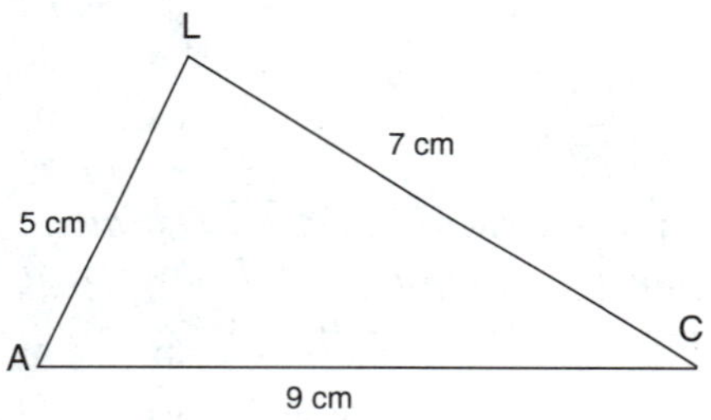

3 Construisez le triangle BAC avec les dimensions indiquées.

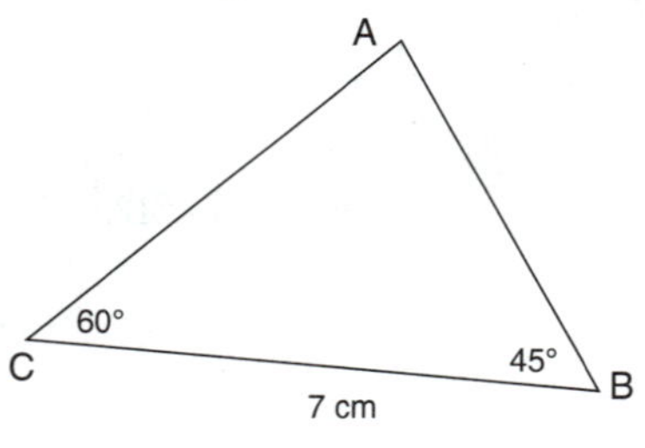

4 Construisez le triangle TOI en utilisant les indications portées sur la figure.

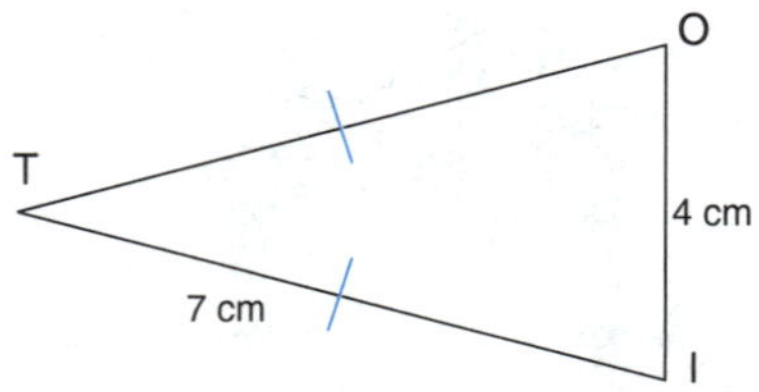

5 Construisez le triangle en utilisant les indications portées sur la figure.

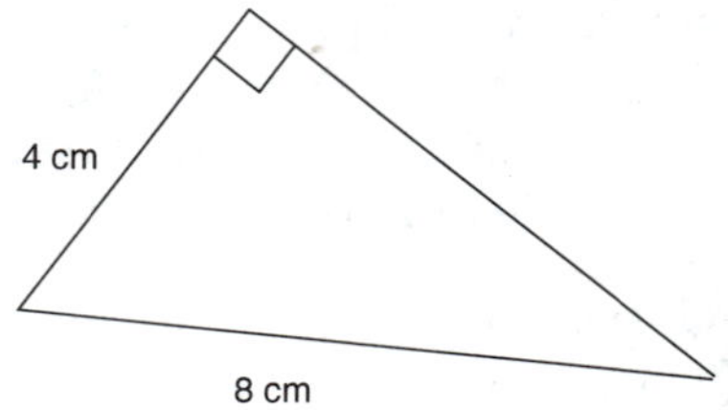

6 Peut-on construire le triangle SAC ?
SA = 7 cm ; AC = 5 cm et SAC isocèle en A.

7 Construisez le triangle TRI.
TRI est rectangle en T ; TR = 4 cm et TI = 5 cm.

8 Construisez le triangle ANG.
AN = 7 cm ; $\widehat{A} = 55°$ et NG = 8 cm.

9 Construisez le triangle ROI.
ROI est équilatéral et RI = 5 cm.

CONNAISSANCE DES TRIANGLES

10 Quelles est la longueur de MO ?
Le triangle MOI est isocèle en O, OI = 54 cm et MI = 38 cm.

11 Quelle est la mesure de l'angle en A ?
A et B sont deux points d'un cercle de centre O et de rayon 63 cm et, dans le triangle OAB, l'angle en B mesure 47°.

12 ABC est un triangle, $\widehat{B} = 40°$ et $\widehat{C} = 70°$.
Calculez l'angle $\widehat{A}$. Quelle est la nature du triangle ABC ?

On rappelle que la somme des angles d'un triangle est égale à 180°.

13 SON est un triangle, $\widehat{S} = 60°$ et OS = ON = 82 cm.
Quelle est la mesure de l'angle $\widehat{N}$?
Calculez la mesure de l'angle $\widehat{O}$.
Quelle est la nature du triangle SON ?

test .../20

1 Inscrivez V (vrai) ou F (faux) dans chaque case.

Un triangle peut être à la fois isocèle et rectangle. ☐

Un triangle peut être à la fois isocèle et équilatéral. ☐

Un triangle rectangle peut avoir un angle de 60°? ☐

Un triangle équilatéral peut avoir un angle droit. ☐

.... /4

2 Reliez les énoncés compatibles.

ABC est équilatéral	•	•	$\widehat{A} = 90°$
ABC est rectangle en A	•	•	$\widehat{A} = 60°$
ABC est isocèle en B	•	•	$\widehat{A} = 45°$
ABC est isocèle-rectangle en C	•	•	$\widehat{A} = 30°$

.... /4

3 Retrouvez l'angle $\widehat{A}$ du triangle AEI.

$\widehat{E} = 60°$ et $\widehat{I} = 30°$	•	•	$\widehat{A} = 60°$
$\widehat{E} = 60°$ et $\widehat{I} = 60°$	•	•	$\widehat{A} = 40°$
$\widehat{E} = 40°$ et $\widehat{I} = 50°$	•	•	$\widehat{A} = 90°$
$\widehat{E} = 70°$ et $\widehat{I} = 70°$	•	•	$\widehat{A} = 120°$

.... /4

4 Construisez, à l'identique, ce triangle dans le cadre proposé.

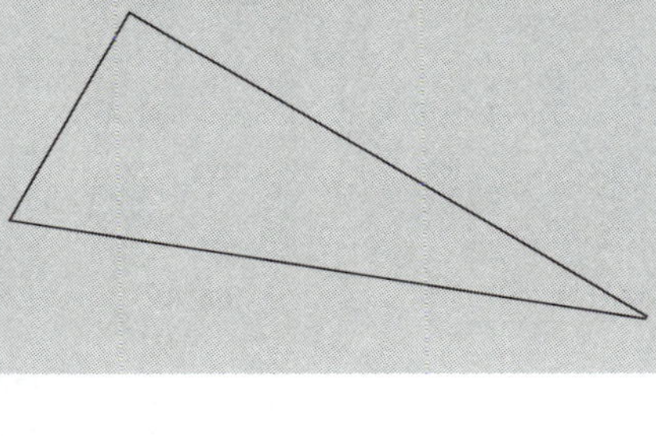

.... /3

5 Construisez le quadrilatère BLEU avec les bonnes dimensions, d'après les indications portées sur la figure.

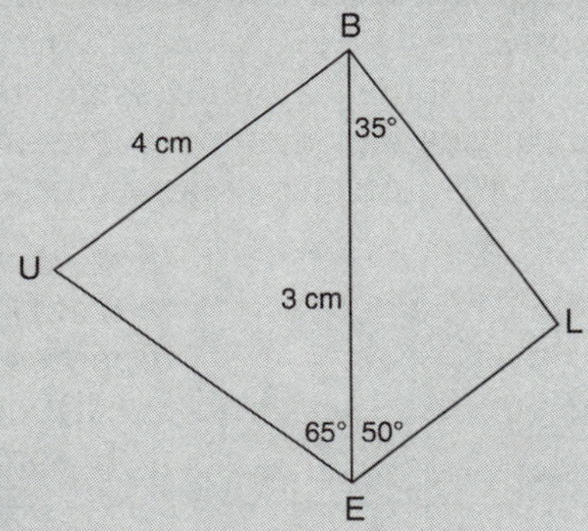

Calculez les angles $\widehat{UEL}$ et $\widehat{BLE}$.

$\widehat{UEL}$ =

$\widehat{BLE}$ =

.... /5

15 Quadrilatères

POUR RETENIR L'ESSENTIEL

GÉNÉRALITÉS

Un quadrilatère est une ligne fermée composée de quatre segments. Ces segments sont les côtés du quadrilatère.
Les sommets du quadrilatère sont les extrémités des côtés.

Attention : Pour nommer un quadrilatère par ses sommets, il faut en faire le tour en suivant les côtés. Le quadrilatère ci-dessous peut être nommé entre autres ABCD ou BADC mais pas ACBD.

■ POSITION RELATIVE DES SOMMETS, DES ANGLES ET DES CÔTÉS

Deux sommets qui sont les extrémités d'un même côté sont *consécutifs*, sinon ils sont *opposés*.
Un segment qui joint deux sommets opposés s'appelle une *diagonale*.
Deux angles sont, comme leurs sommets : opposés ou consécutifs.
Deux côtés qui n'ont pas de sommet en commun sont opposés, sinon ils sont consécutifs.

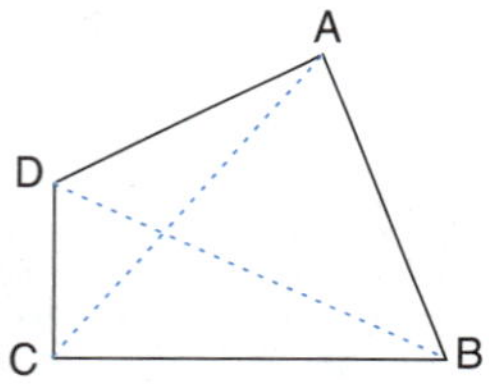

Ex. : dans le quadrilatère ABCD,
- A et D sont deux sommets **consécutifs** mais A et C sont **opposés**, [AD] est un côté mais [AC] est une diagonale.
- [AD] et [AB] sont deux côtés **consécutifs** mais [AD] et [CB] sont **opposés**.

QUADRILATÈRES PARTICULIERS

Rectangle : un rectangle est un quadrilatère qui a quatre angles droits.
Ses côtés opposés sont parallèles et ils ont la même longueur.
Ses diagonales se coupent en leur milieu et ont même longueur.
Losange : un losange est un quadrilatère qui a ses quatre côtés égaux.
Ses côtés opposés sont parallèles.
Ses diagonales se coupent en leur milieu et elles sont perpendiculaires.
Carré : un carré est un quadrilatère qui a quatre angles droits et quatre côtés égaux.
Un carré est à la fois un rectangle et un losange.

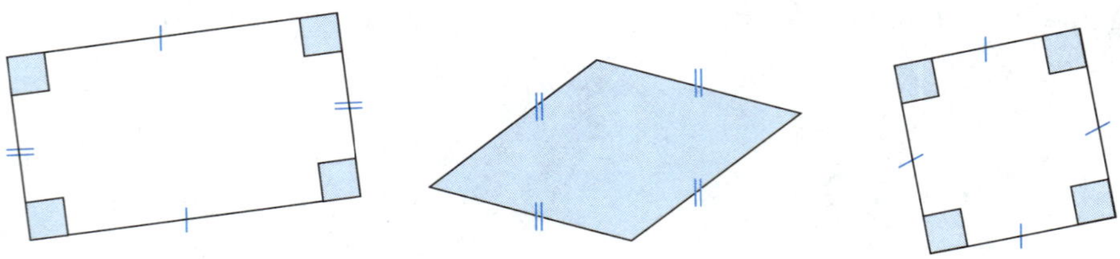

rectangle *losange* *carré*

Comment construire un quadrilatère

Construisez les points C et D tel que ABCD soit un losange, D soit un point de la droite d et l'angle $\widehat{BAD}$ soit aigu. Tracez le losange ABCD.

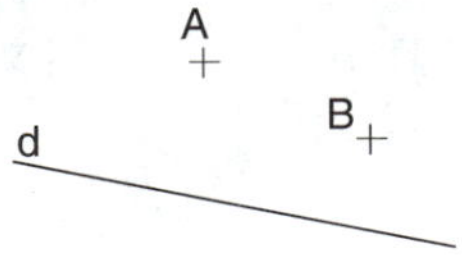

Une « construction » est demandée, il faut dessiner avec méthode.

Correction

On commence par construire D. AD = AB donc D est sur le cercle de centre A et de rayon AB. Et D est aussi sur la droite **d**. Il y a deux points d'intersection D et E mais un seul, D, permet d'obtenir la condition de l'angle en A aigu.

On traduit la condition « ABCD est un losange par les égalités » : AB = AD = BC = DC.

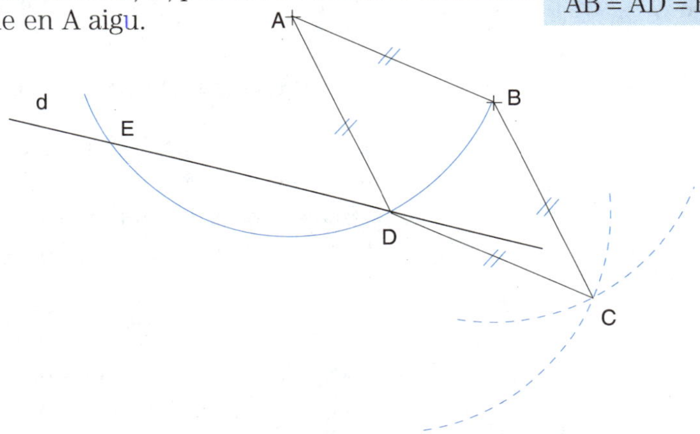

Comment reconnaître un quadrilatère

Le triangle REC est rectangle en R, RC = 5 cm et RE = 3 cm. d est la droite perpendiculaire à (RC) passant par C et D est la droite parallèle à (RC) passant par E. Les droites d et D se coupent en T. Prouver que RETC est un rectangle et que CE = RT.

Il faut faire une figure de l'énoncé.

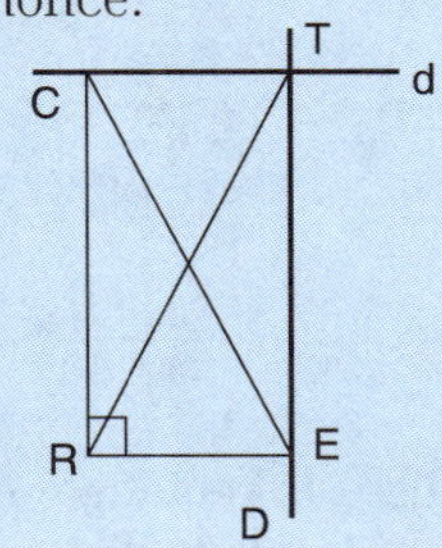

Correction

• **d** ⊥ (RC) donc l'angle en C de RETC est un angle droit.

• (RC) ⊥ (RE) et **D** // (RC), donc **D** ⊥ (RE) et l'angle en E est droit.

• **d** ⊥ (RC) et **D** // (RC), donc **D** ⊥ **d** et l'angle en T est droit. Finalement RETC a quatre angles droits, *donc RETC est un rectangle.* De plus, ce rectangle n'est pas un carré : deux côtés ont des longueurs différentes (5 cm et 3 cm). [CE] et [RT] sont les diagonales du rectangle, donc elles ont la même longueur : *CE = RT.*

Pour prouver une propriété géométrique, il ne suffit pas de dire ce que l'on voit, il faut expliquer pourquoi…

CONSTRUCTION DE QUADRILATÈRES

1 Reproduisez le quadrilatère QUAD.

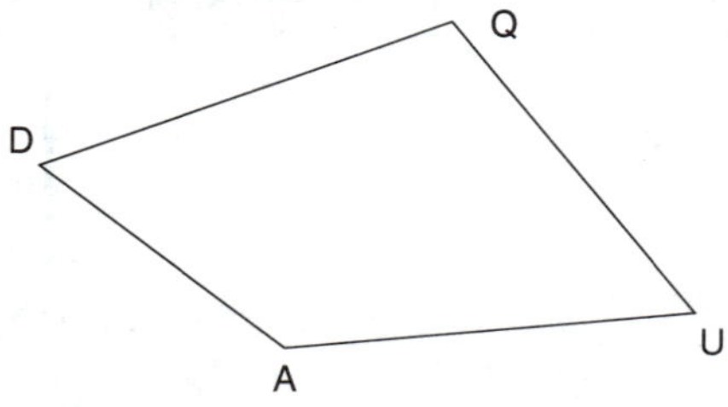

2 Construisez la figure avec les dimensions indiquées.

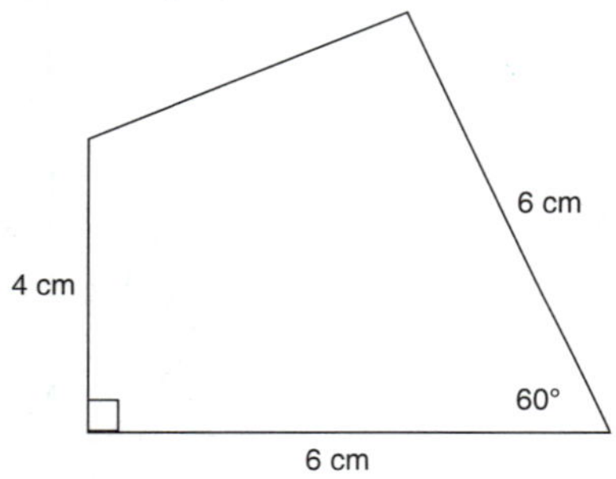

3 La figure ci-dessous est fausse. Construisez le quadrilatère en utilisant les indications données.

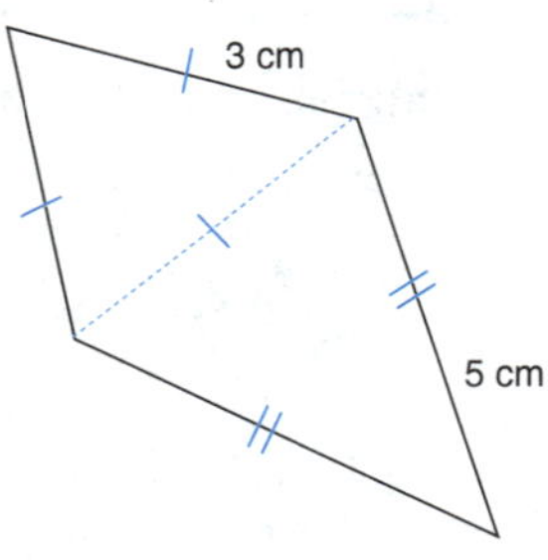

4 Construisez le rectangle ABCD sachant que B est sur la droite d.

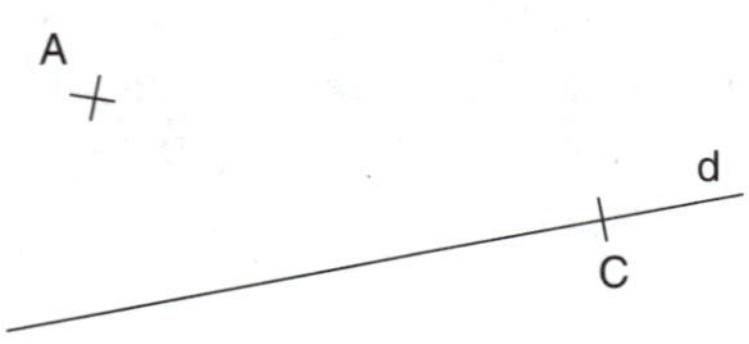

5 Construisez un losange VERT tel que le côté [VE] mesure 4 cm et que la diagonale [ET] mesure 3,5 cm.

6 Construisez le rectangle ABCD sachant que B est sur la droite d.

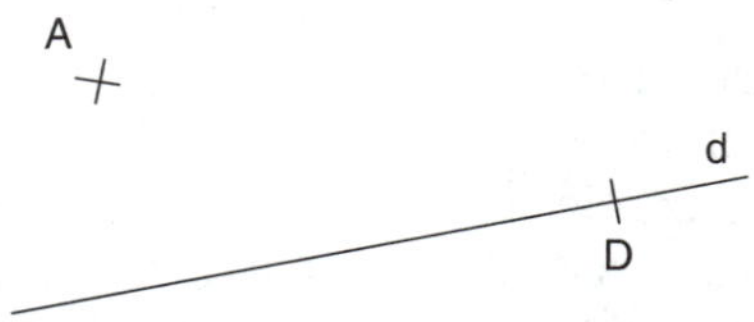

CONNAISSANCE DES QUADRILATÈRES

7 ABCD est un quadrilatère, complétez les phrases par : *un côté, une diagonale, opposés, consécutifs.*
[AB] est … ; [BC] est … ; [AC] est … ; A et B sont … ; B et D sont … ; D et C sont … ; [AB] et [BC] sont … ; [BC] et [AD] sont … .

8 Construisez un losange dont les diagonales mesurent 7 cm et 5 cm.

9 Construisez un rectangle dont la largeur mesure 4 cm et les diagonales 7 cm.

10 Construisez un carré dont les diagonales mesurent 6 cm.

11 BLEU est un rectangle, O est le point d'intersection de ses diagonales et l'angle $\widehat{BOL}$ mesure 115°.
Déterminez sans rapporteur les mesures des angles $\widehat{BOU}$, $\widehat{UOE}$, $\widehat{BLO}$ et $\widehat{OLE}$.

12 Dessinez un rectangle ROUE de 6 cm de largeur et de 8 cm de longueur. Marquez C, H, A et T les milieux des côtés [ER], [RO], [OU] et [UE].
Quelle est la nature du quadrilatère CHAT ?
Pour justifier votre réponse, vous pourrez dire que des rectangles de mêmes dimensions ont des diagonales égales.

1 Cochez les réponses justes.

QUAD est un quadrilatère.

	un côté	une diagonale
[AQ] est …		
[DA] est …		
[UD] est …		
[UA] est …		

…/2

2 Cochez les réponses justes.

QUAD est un quadrilatère.

	opposés	consécutifs
[AD] et [UQ] sont …		
[DA] et [QD] sont …		
[UA] et [DQ] sont …		
[UQ] et [AU] sont …		

…/2

3 Cochez les propriétés correspondantes.

	rectangle	losange	carré
côtés opposés parallèles			
diagonales perpendiculaires			
côtés consécutifs perpendiculaires			
diagonales de même longueur			

…/4

4 ABCD est un rectangle.

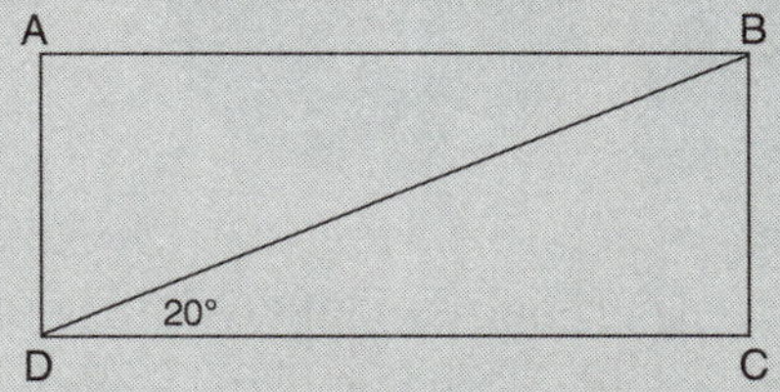

Complétez sans mesurer:

$\widehat{BDC}$ = ……; $\widehat{DCB}$ = ……;

$\widehat{DBC}$ = ……; $\widehat{ABD}$ = …… .

…/4

5 Construisez un losange VRAI, tel que VR = 3 cm et RI = 2,5 cm.

…/4

6 Construisez le rectangle MATH tel que Δ soit une diagonale.

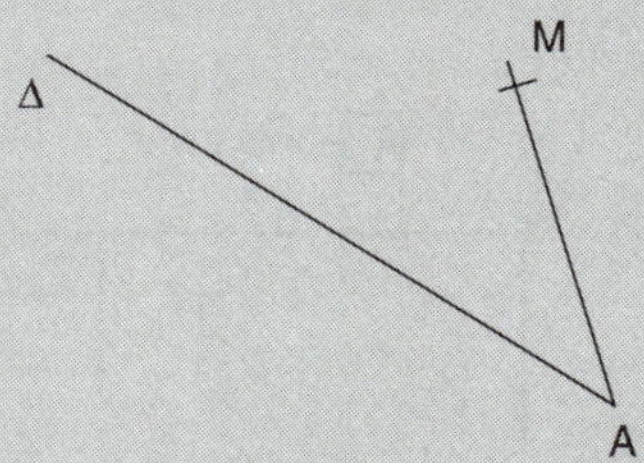

…/4

16

POUR RETENIR L'ESSENTIEL

Périmètres et aires

• Les périmètres sont des longueurs, les unités de longueurs sont : mm, cm, m…
• Les aires se calculent avec des longueurs exprimées dans la même unité. Les unités d'aires sont : mm^2, cm^2, m^2…

PÉRIMÈTRES

■ PÉRIMÈTRE D'UN POLYGONE

Pour *mesurer* le périmètre d'un polygone, on mesure ses côtés et on ajoute les mesures obtenues mais, pour *calculer* le périmètre d'un polygone, on utilise les données et les formules sans effectuer de mesure.

Formules de périmètres

Triangle : *Périmètre = somme des trois côtés.*

Rectangle : *Périmètre* = 2 × *Longueur* + 2 × *largeur*
= 2 × (*Longueur* + *largeur*).

Losange ou carré : *Périmètre* = 4 × *côté.*

■ PÉRIMÈTRE D'UN DISQUE OU LONGUEUR D'UN CERCLE

Périmètre = 2 × π × *rayon* = π × *diamètre.*

AIRES

Pour calculer l'aire d'une figure, on décompose cette figure en plusieurs parties dont on sait calculer l'aire grâce aux formules.

Formules

Rectangle : *Aire* = *Longueur* × *largeur.*

Triangle : $Aire = \dfrac{base \times hauteur}{2}$

Carré : $Aire = côté \times côté = (côté)^2$.

Disque : $Aire = \pi \times rayon \times rayon = \pi \times (rayon)^2$.

Ex. :

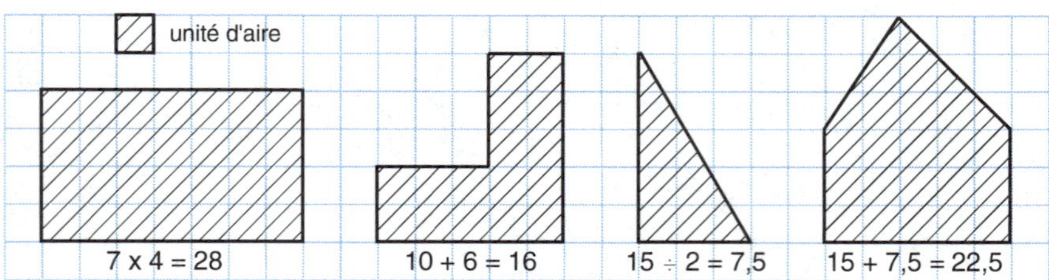

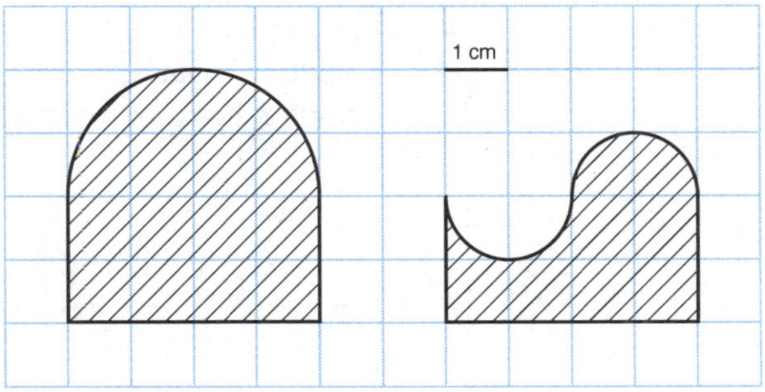

Comment calculer un périmètre

Calculez le périmètre de chaque figure ci-dessus, vous arrondirez le résultat au mm.

Correction

Figure de gauche : elle est composée d'un rectangle de longueur L = 4 cm, de largeur $\ell = 2$ cm et d'un demi-disque de rayon $r = 2$ cm.

$\mathscr{P} = \ell + \ell + L + \dfrac{2\pi r}{2}$ avec $\ell = 2$, L = 4 et $r = 2$.

On obtient : $\mathscr{P} = 8 + 2 \times \pi$; $\underline{\mathscr{P} \approx 14{,}3 \text{ cm}}$.

Figure de droite :

$\mathscr{P}' = \ell + \ell + L + 2 \times \dfrac{2\pi r'}{2}$ avec $\ell = 2$, L = 4 et $r' = 1$.

On obtient : $\mathscr{P}' = 8 + 2 \times \pi$; $\underline{\mathscr{P}' \approx 14{,}3 \text{ cm}}$.

On n'obtient pas le périmètre d'une figure en ajoutant les périmètres des parties de cette figure !

Les deux figures ci-dessus ont exactement le même périmètre mais visiblement pas la même aire.

Comment calculer une aire

Calculez l'aire de chaque figure ci-dessus, vous arrondirez le résultat au mm^2.

Correction

Figure de gauche :

$\mathscr{A} = \ell \times L + \dfrac{\pi \cdot r^2}{2}$ avec $\ell = 2$, L = 4 et $r = 2$.

On obtient : $\mathscr{A} = 8 + 2 \times \pi$; $\underline{\mathscr{A} \approx 14{,}28 \text{ cm}^2}$.

Attention : $1 \text{ mm}^2 = 0{,}01 \text{ cm}^2$.

Figure de droite : imaginons qu'on découpe et déplace le demi-disque de droite afin de combler le vide laissé par le demi-disque de gauche, on obtient un rectangle.

Ainsi, $\mathscr{A}' = \ell \times L$ avec $\ell = 2$, L = 4.

On obtient : $\underline{\mathscr{A}' = 8 \text{ cm}^2}$.

Le rectangle obtenu et la figure de droite ont la même aire mais pas le même périmètre.

POUR VOUS ENTRAÎNER

1 Calculez l'aire et le périmètre de la partie hachurée sachant que L = 15 cm et ℓ = 12 cm.

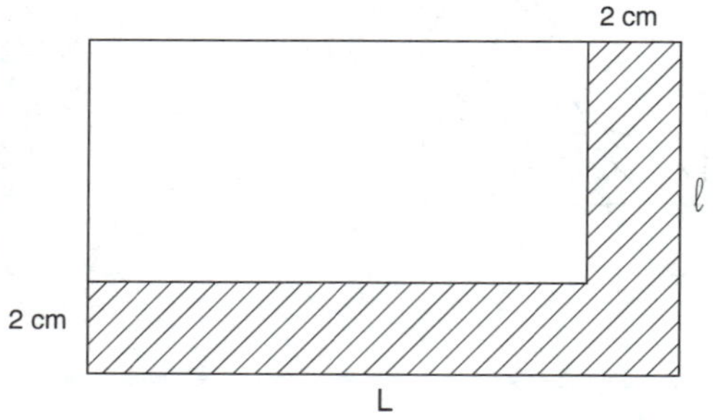

2 Calculez l'aire et le périmètre de la partie hachurée.

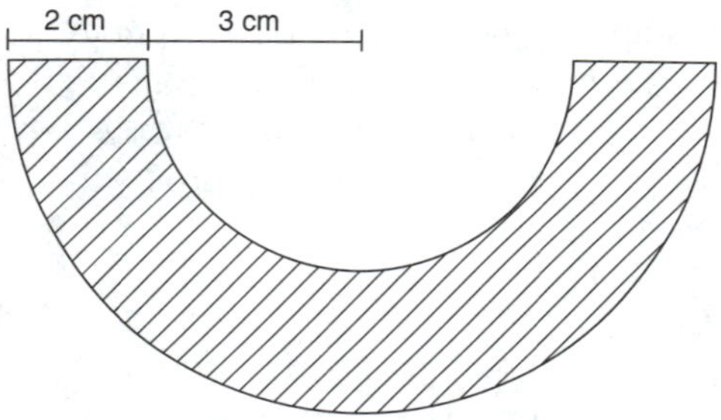

3 Calculez le périmètre et l'aire du losange.

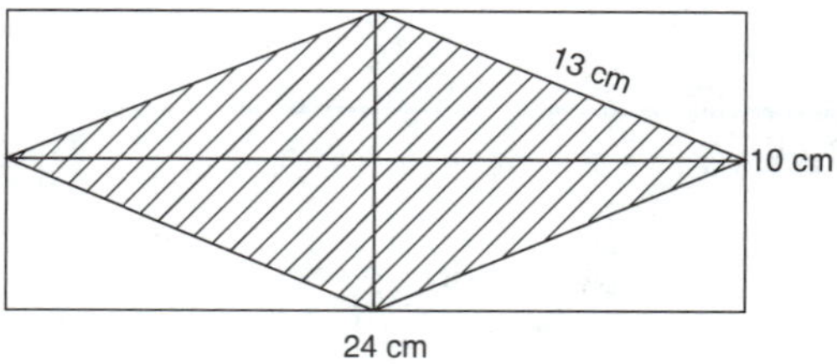

4 Calculez l'aire de chaque triangle.

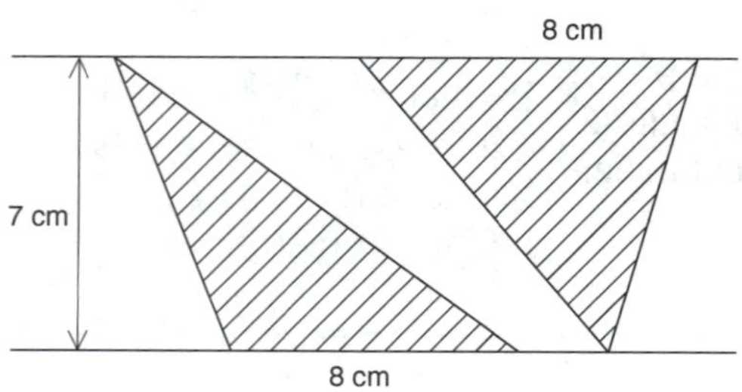

5 Raphaël pense que les deux rectangles hachurés ont exactement la même aire. Et vous ? Justifiez votre réponse.

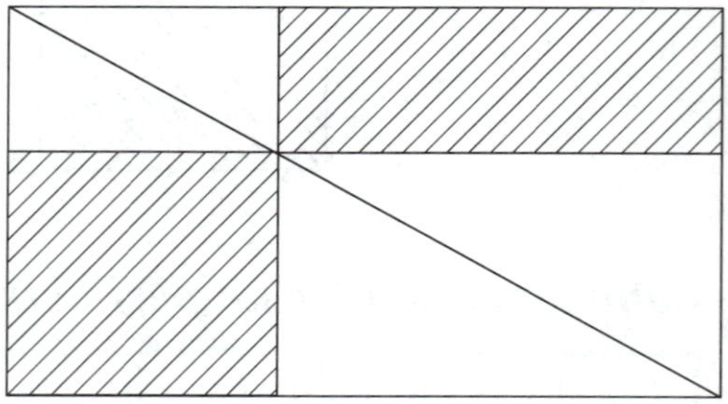

6 Calculez l'aire du triangle ABC sachant que BC = 60 cm, AB = 40 cm, KC = 50 cm et BL = 38 cm.

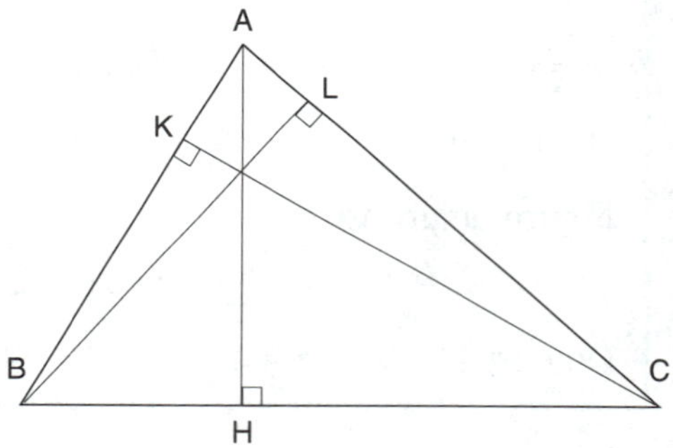

7 Calculez l'aire du triangle hachuré.

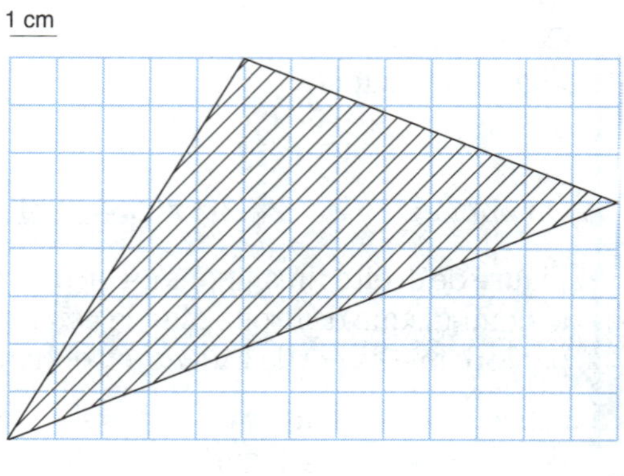

test …/20

1 À chacun son périmètre !

Associez à chaque figure le périmètre qui est le sien.

Un carré de 2,5 cm de côté	•	•	24 cm
Un rectangle de dimensions 5 cm et 2 cm.	•	•	10 cm
Un triangle équilatéral de 4 cm de côté	•	•	14 cm
Un losange de 3 cm de côté.	•	•	12 cm

.... /4

2 À chacun son aire !

Associez son aire à chaque figure.

Un carré de 5 cm de côté	•	•	25 cm²
Un rectangle de dimensions 5 cm et 2 cm.	•	•	10 cm²
Un triangle de base 4 cm et de hauteur 7 cm	•	•	14 cm²
Un rectangle de dimensions 3,5 cm et 4 cm.	•	•	28 cm²

.... /4

3 L'aire de l'octogone.

Déterminez son aire en utilisant la figure.

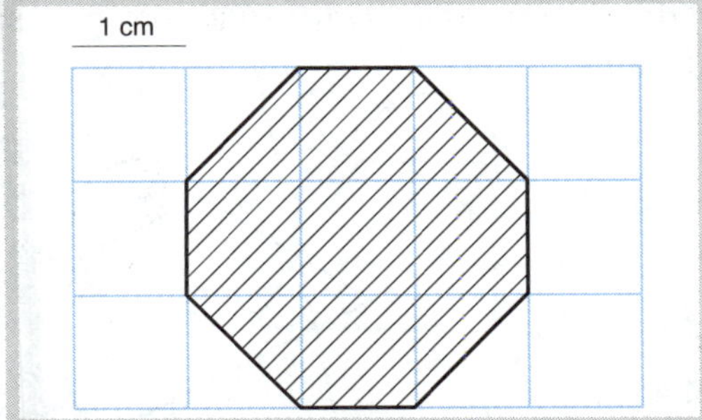

.... /3

4 L'aire du m.

À l'aide du quadrillage, trouvez l'aire de la surface hachurée.

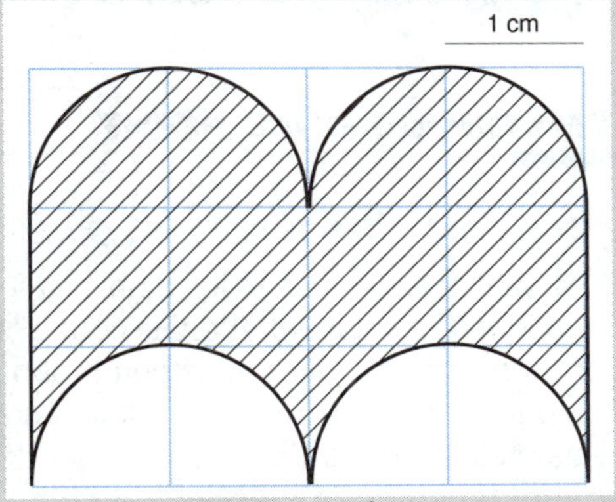

....

.... /4

5 Il y a une intruse parmi ces figures…

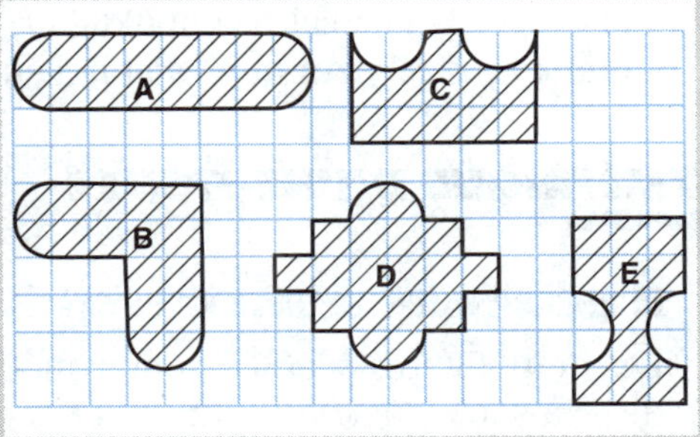

....

.... /3

6 Conversions.

504,6 m = ... hm.

0,045 cm² = ... mm².

98 500 cm² = ... m².

.... /3

17 Symétrie orthogonale

POUR RETENIR L'ESSENTIEL

SYMÉTRIQUE D'UN POINT

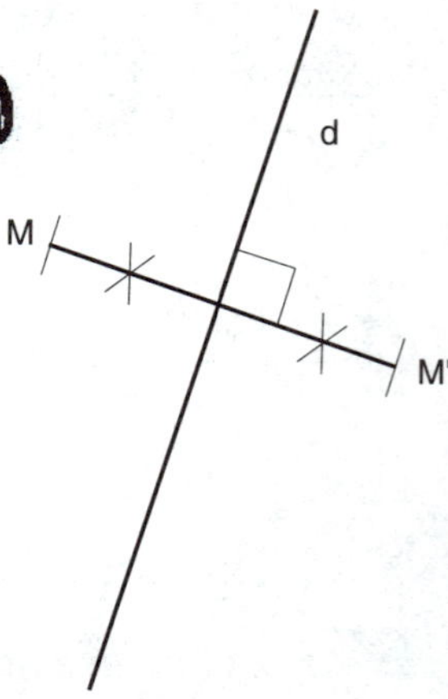

M et M' sont symétriques par rapport à d.
d est la médiatrice de [MM']

■ RECONNAÎTRE DEUX POINTS SYMÉTRIQUES

Médiatrice : la médiatrice d'un segment est la droite perpendiculaire à ce segment et qui le coupe en son milieu.
Points symétriques : deux points sont symétriques par rapport à une droite si cette droite est la médiatrice du segment limité par ces deux points.

■ CONSTRUIRE LE SYMÉTRIQUE D'UN POINT PAR RAPPORT À UNE DROITE

Tout point a un symétrique.
Tout point de l'axe de la symétrie est son propre symétrique.
Pour construire le symétrique M' d'un point M par rapport à une droite **d** (qui est l'axe de symétrie) lorsque M n'est pas sur l'axe :
– on trace par M la perpendiculaire à **d**,
– cette perpendiculaire coupe **d** en I,
– on marque M' pour que I soit milieu de [MM'].

SYMÉTRIQUE D'UNE FIGURE

■ RECONNAÎTRE DEUX FIGURES SYMÉTRIQUES

Les deux figures $\mathscr{F}$ et $\mathscr{F}'$ sont symétriques par rapport à la droite **d** si chaque point de $\mathscr{F}$ a son symétrique sur $\mathscr{F}'$ et si chaque point de $\mathscr{F}'$ a son symétrique sur $\mathscr{F}$.

■ CONSTRUIRE LA FIGURE SYMÉTRIQUE D'UNE FIGURE

Méthode : Pour tracer la figure symétrique de $\mathscr{F}$, on trace les symétriques des points importants et on utilise les règles ci-dessous pour compléter.

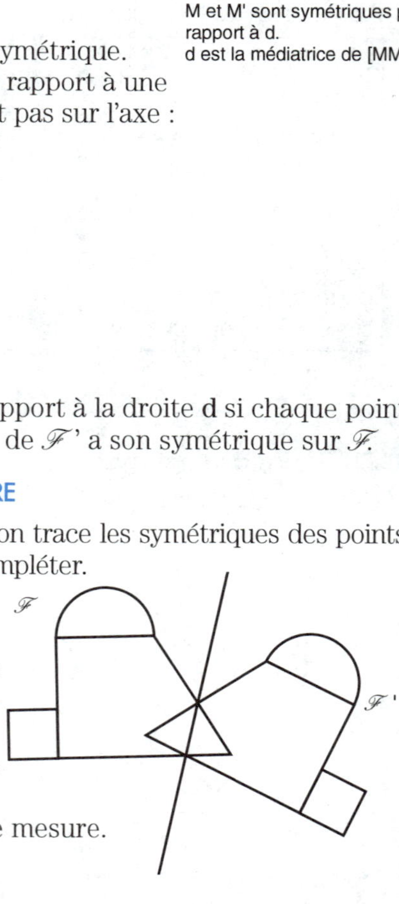

Règles :
- La symétrique d'une droite est une droite.
- Le symétrique d'un segment est un segment de même longueur, ses extrémités sont les symétriques des extrémités du segment initial.
- Le symétrique d'un cercle est un cercle de même rayon et leurs centres sont symétriques.
- Le symétrique d'un angle est un angle de même mesure.
- Deux figures symétriques ont la même aire.

Comment construire le symétrique d'un point

Construisez le symétrique de M par rapport à d.

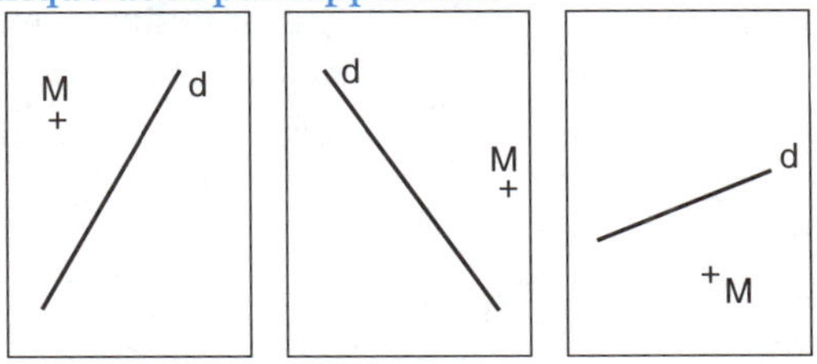

Correction

d doit être la médiatrice du segment [MM'] : elle doit être perpendiculaire au segment [MM'] et le couper en son milieu.

Un axe de symétrie n'est pas toujours vertical ou horizontal ; [MM'] non plus.

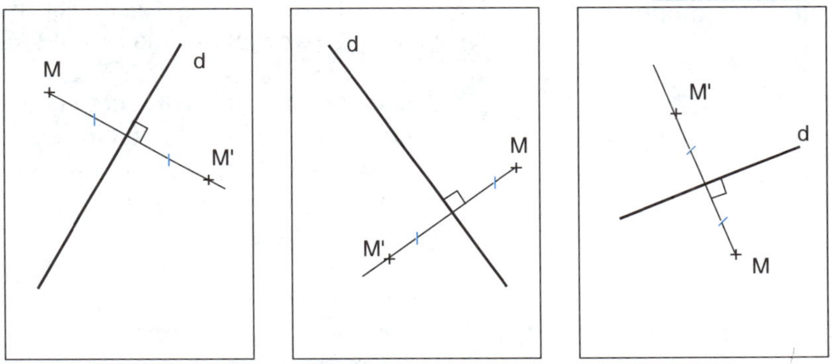

Comment construire la symétrique d'une figure

Construisez la symétrique de la figure F par rapport à la droite D.

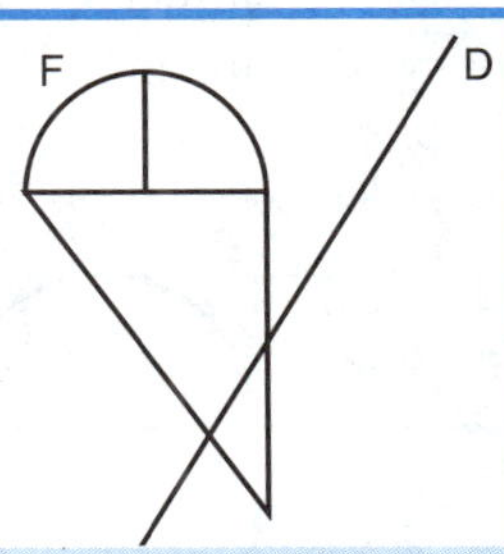

Correction

On construit les symétriques du triangle, du demi-cercle et du rayon perpendiculaire au diamètre.

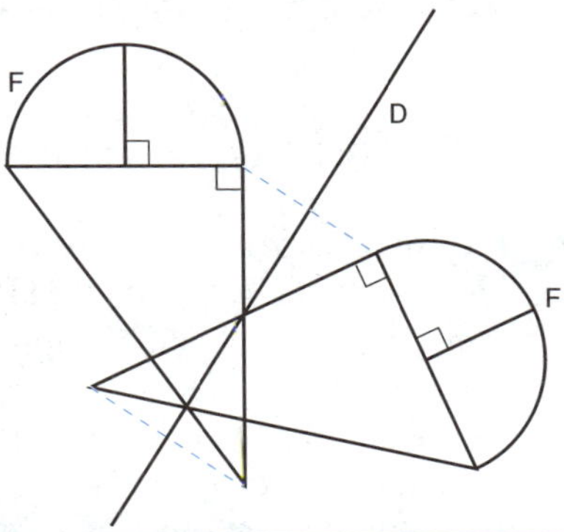

Un point de l'axe de symétrie est invariant : il est son propre symétrique

Pour construire le symétrique du triangle ou du rayon, on utilise l'angle droit.

POUR VOUS ENTRAÎNER

1 Utilisez le quadrillage pour tracer la figure symétrique de F par rapport à d.

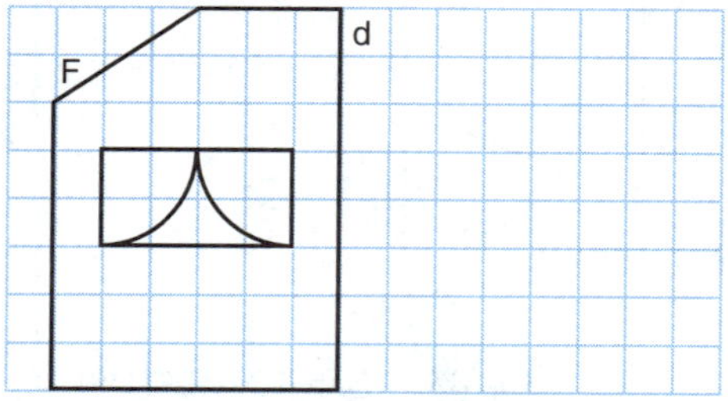

2 Utilisez le quadrillage pour tracer la figure symétrique de F par rapport à d.

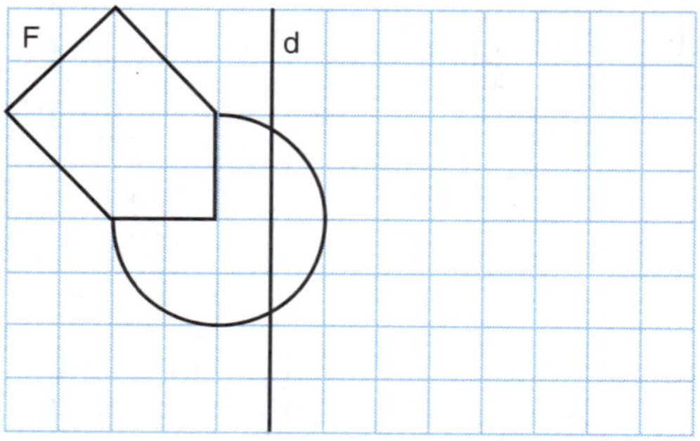

3 Tracez, en utilisant le quadrillage, la figure symétrique de F par rapport à d.

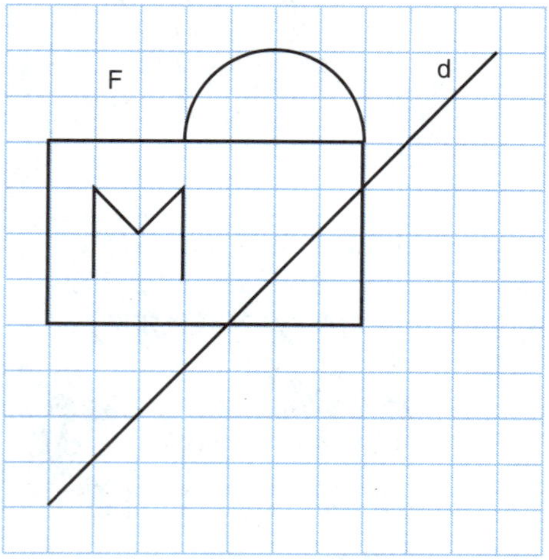

4 **Reproduisez la figure ci-dessous avec les dimensions indiquées.**

Ensuite, sur le même dessin, construisez sa symétrique par rapport à la droite (BD).

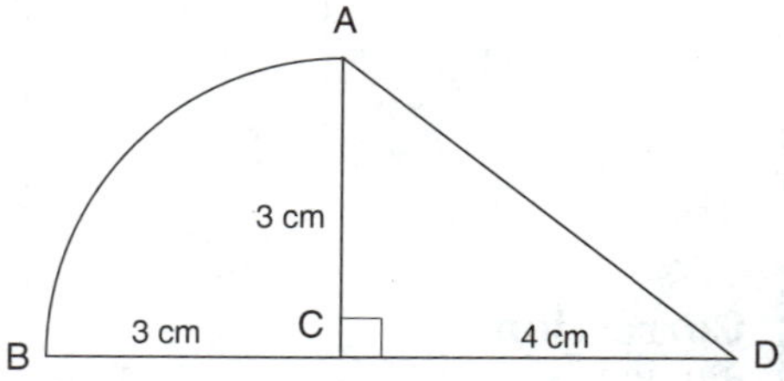

5 **Dessinez de nouveau la figure de l'exercice 4.**

Mais, cette fois, construisez sa figure symétrique par rapport à la droite (AD).

6 **Tracez un triangle ABC rectangle en A tel que AB = 5 cm et AC = 6 cm.**

a) Construisez C', le symétrique de C par rapport à (AB). Quelle est la nature du triangle BCC' ? Justifiez.

b) Construisez le symétrique A' du point A par rapport à l'axe (BC).

c) Sans mesurer les côtés mais en utilisant les propriétés de la symétrie orthogonale, calculez le périmètre et l'aire du quadrilatère ABA'C.

7 **POU est un triangle isocèle en U. On sait seulement que OU = 5 cm.**

Le symétrique de U par rapport à la droite (PO) est noté L.

a) Dessinez un croquis *(Il manque une indication pour dessiner vraiment la figure).*

b) Quelle est la nature du quadrilatère LOUP ? Calculez son périmètre.

8 **Construisez le triangle TIR sachant que TR = 4 cm, TI = 4,5 cm et $\widehat{ITR}$ = 50°.**

Construisez O, le symétrique de I par rapport à la droite (TR).

Sans mesurer avec le rapporteur mais en utilisant les propriétés de la symétrie orthogonale, calculez les mesures des angles du triangle TOI.

test …/20

1 **Six élèves ont illustré la phrase : « M' est le symétrique de M par rapport à la droite d. » Entourez Juste ou Faux.**

1) Juste Faux

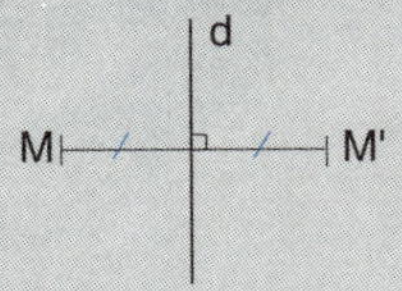

2) Juste Faux

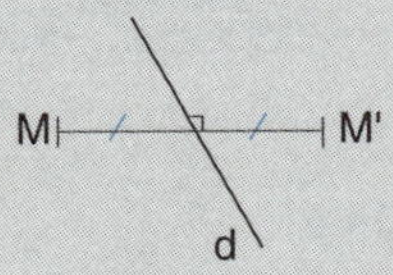

3) Juste Faux

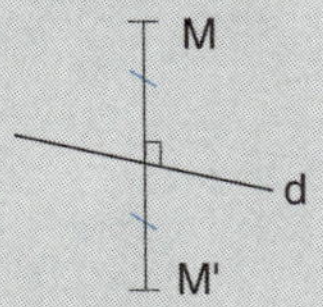

4) Juste Faux

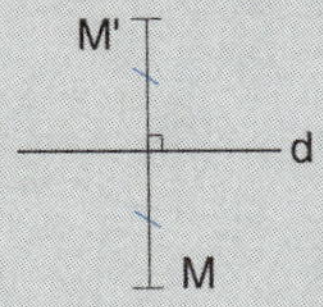

5) Juste Faux

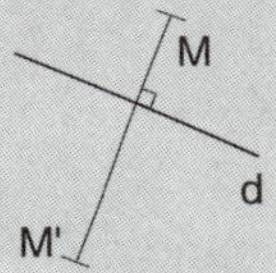

6) Juste Faux

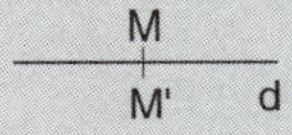

……………………………… /6

2 **Grille de mots croisés.**

Complétez avec un minimum de cases noires pour que chaque case de la grille et sa symétrique par rapport à la droite **d** soient de la même couleur.

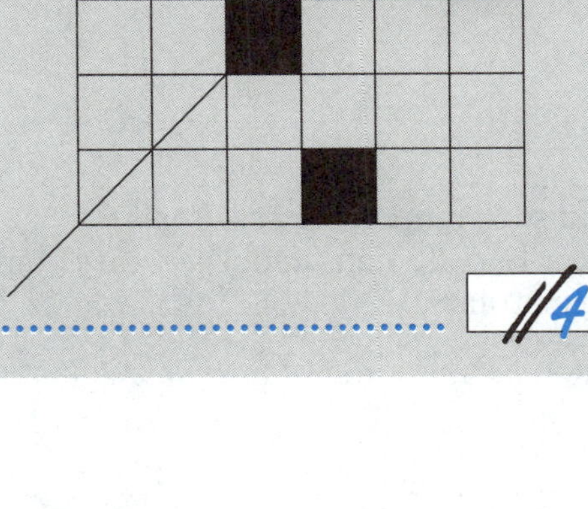

……………………………… /4

3 **Utilisez le quadrillage pour tracer la figure symétrique du bonhomme par rapport à d.**

……………………………… /5

4 **Construisez la figure symétrique par rapport à la droite (AX).**

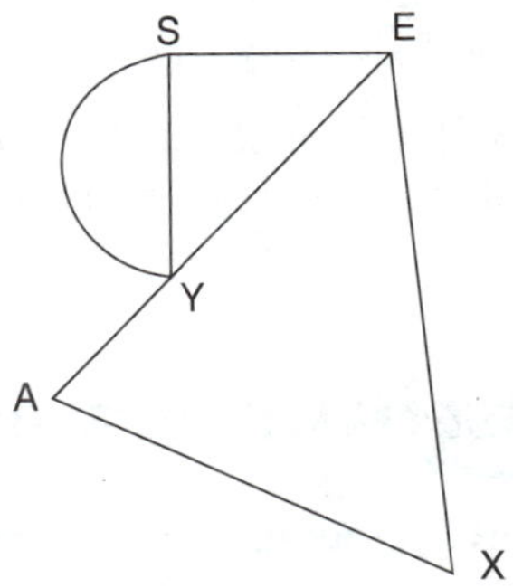

……………………………… /5

18 Médiatrice, bissectrice

POUR RETENIR L'ESSENTIEL

MÉDIATRICE D'UN SEGMENT

UNE AUTRE CARACTÉRISATION DE LA MÉDIATRICE

Équidistant : un point est équidistant des extrémités d'un segment s'il est à la même distance des deux extrémités.
Les points de la médiatrice d'un segment sont équidistants des extrémités de ce segment.
Une droite qui passe par deux points équidistants des extrémités d'un segment est la médiatrice de ce segment.

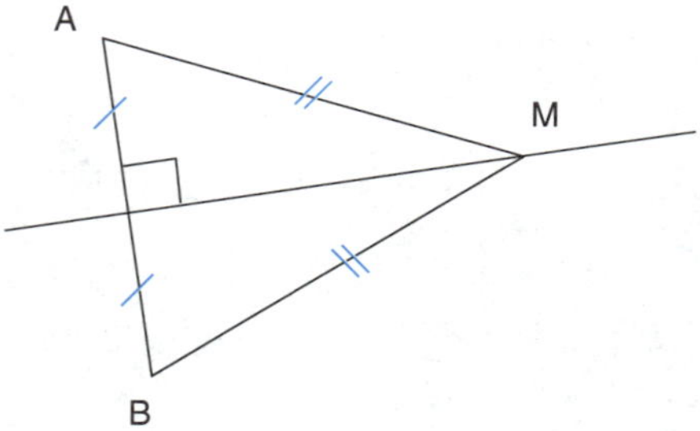

CONSTRUCTION DE LA MÉDIATRICE D'UN SEGMENT

Règle non graduée : on dit qu'on utilise une « règle non graduée » quand on ne tient pas compte des graduations.

• Pour construire, à la règle non graduée et au compas, la médiatrice d'un segment, il suffit de construire deux points équidistants des extrémités à l'aide du compas puis de tracer la droite passant par ces deux points.

• Pour construire, à la règle non graduée et au compas, le milieu d'un segment, il suffit de tracer sa médiatrice.

BISSECTRICE D'UN ANGLE

PROPRIÉTÉS DE LA BISSECTRICE

Un angle est symétrique par rapport à sa bissectrice : chaque côté a pour symétrique l'autre côté.
La bissectrice passe par le sommet et partage l'angle en deux angles de même mesure.

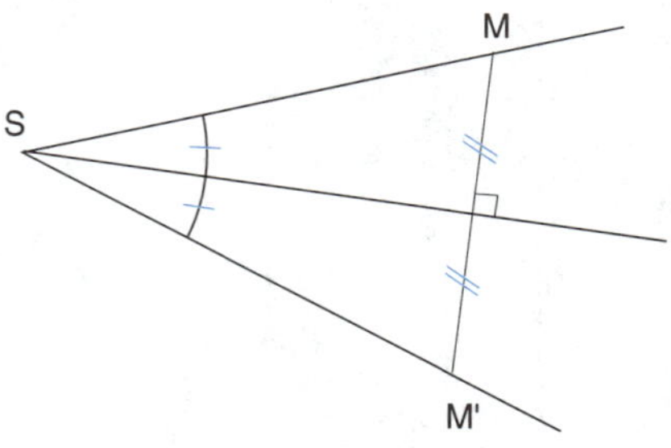

CONSTRUCTION DE LA BISSECTRICE

• Pour tracer la bissectrice d'un angle on utilise le rapporteur et la règle.
• Pour construire la bissectrice d'un angle, à la règle non graduée et au compas, on construit la médiatrice de deux points symétriques.

Comment construire la médiatrice d'un segment

Par quels moyens peut-on obtenir la médiatrice d'un segment ? Tracez un segment puis, à la règle non graduée et au compas, construisez sa médiatrice.

Par pliage, on obtient directement l'axe de symétrie du segment.

Correction

Si un segment est tracé sur une feuille de papier, on peut obtenir la médiatrice de trois façons différentes :
– par pliage : on plie la feuille de façon à ce que les deux extrémités se superposent,
– avec la règle et l'équerre : on marque le milieu du segment après l'avoir mesuré puis on trace la perpendiculaire au segment qui passe par son milieu.
– avec la règle non graduée et le compas.

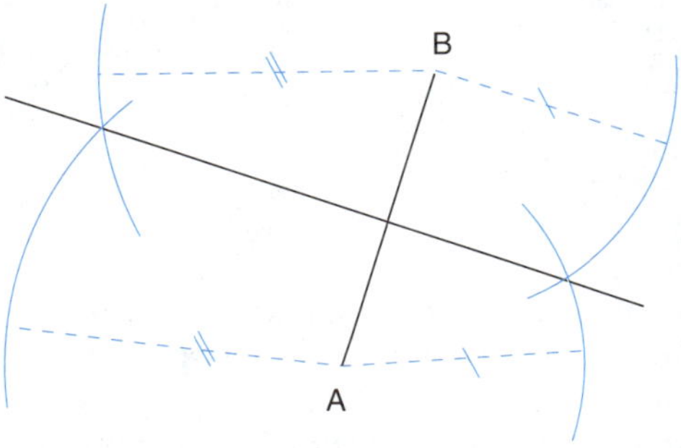

Comment construire la bissectrice d'un angle

Par quels moyens peut-on obtenir la bissectrice d'un angle ? Tracez un angle puis, à la règle non graduée et au compas, construisez sa bissectrice.

Par pliage, on obtient directement l'axe de symétrie de l'angle.

Correction

Si un angle est tracé sur une feuille de papier, on peut obtenir la bissectrice de trois façons différentes :
– par pliage : on plie la feuille de façon à ce que les deux côtés de l'angle se superposent,
– avec le rapporteur : on mesure l'angle et on le « partage » en deux angles de même mesure.
– avec la règle non graduée et le compas :
1) on marque deux points M et M' sur chaque côté de l'angle et à égale distance du sommet S,
2) on construit un point T équidistant de M et M',
3) on trace la droite (ST) qui est la médiatrice de [MM'] donc la bissectrice de l'angle $\widehat{MSM'}$.

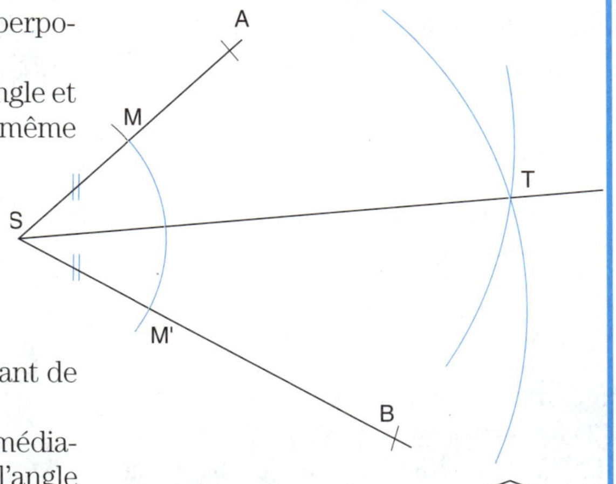

La droite (ST) est la bissectrice de l'angle $\widehat{ASB}$

POUR VOUS ENTRAÎNER

1 Complétez le texte d'après la figure.

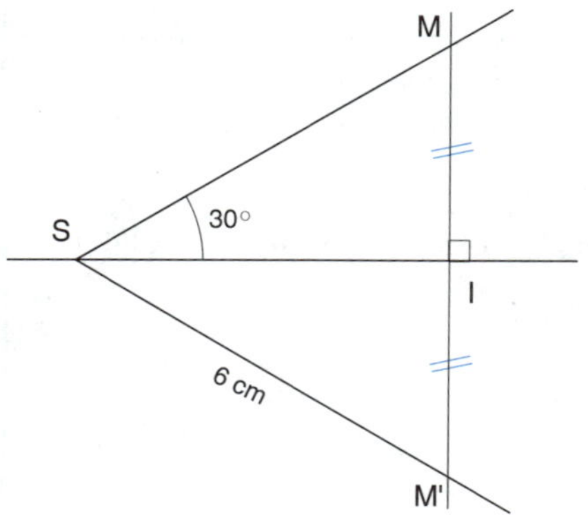

Le point I est le … du segment …, la droite (SI) est … au segment … et passe par son … I donc (SI) est la … du segment [MM']. Autrement dit, M et M' sont … par rapport à la droite (SI).
S est sur la médiatrice de [MM'] donc S est … de M et M', SM = …, autrement dit, le triangle SMM' est … en …
[SM) et [SM') sont symétriques par rapport à … donc la droite (SI) est la … de l'angle …, ainsi $\widehat{ISM'}$ = …

2 Médiatrice : construction.

À l'aide de la règle et de l'équerre, tracez la médiatrice du segment [AB] ; puis, à l'aide de la règle non graduée et du compas tracez la médiatrice du segment [CD].

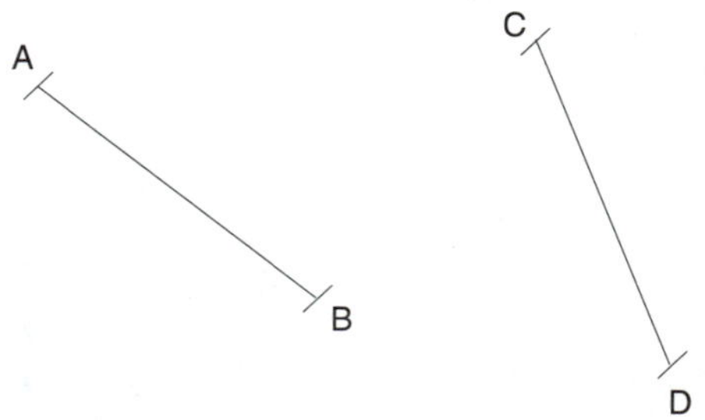

3 Médiatrice : explication.

ABCD est un losange, pourquoi le point A est-il sur la médiatrice de la diagonale [BD] ? Pourquoi le point C l'est-il aussi ? Expliquez pourquoi la diagonale (AC) est la médiatrice de la diagonale [BD].

4 Bissectrice : construction.

À l'aide de la règle et du rapporteur, tracez la bissectrice de l'angle $\widehat{AIB}$ puis, à l'aide seulement de la règle non graduée et du compas, tracez la bissectrice de l'angle $\widehat{FSU}$.

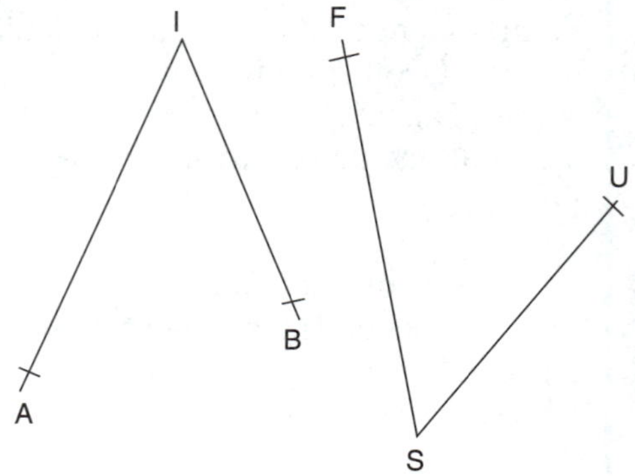

5 Bissectrice : explication.

$\mathscr{C}$ est un cercle de centre O et de rayon 5 cm, [AB] est une corde de longueur 8 cm et **d** est la médiatrice de cette corde.
a) Pourquoi a-t-on OA = OB ? En déduire que O est un point de **d**.
b) Quel est le symétrique de O par rapport à **d** ? En déduire que **d** est la bissectrice de l'angle $\widehat{AOB}$.

6 Un triangle particulier.

D'après les indications portées sur la figure, trouvez le périmètre du triangle RHS.

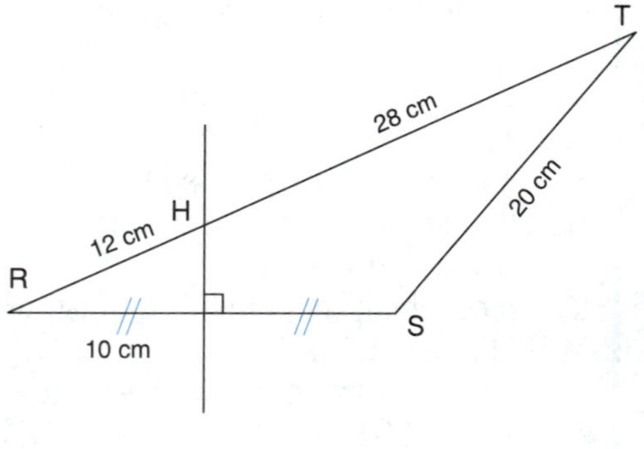

1 L'illustration perdue.

Parmi les figures suivantes, quelle est celle qui illustre : « **d** est la médiatrice de [BC] » ? « **d** est la bissectrice de $\widehat{A}$ » ? Notez son numéro dans le tableau ci-dessous.

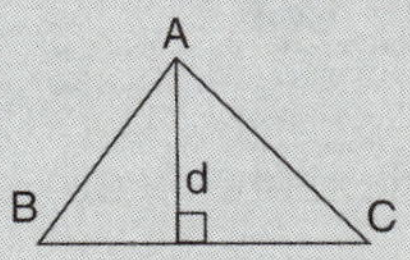

Figure 1

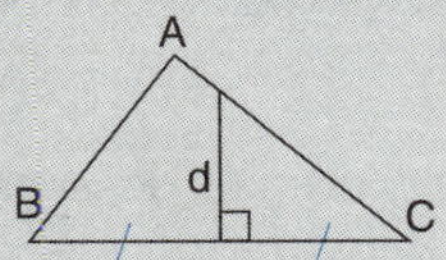

Figure 2

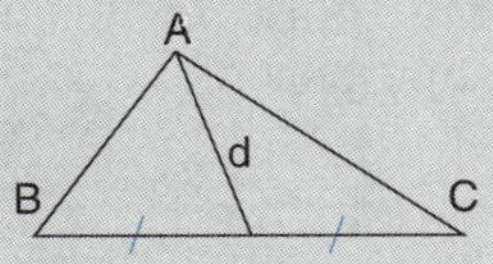

Figure 3

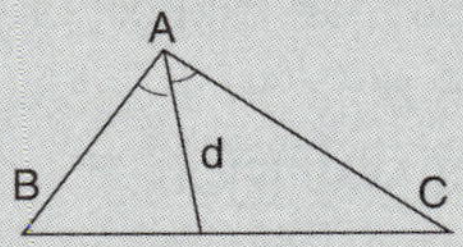

Figure 4

d est la médiatrice de [BC]	
d est la bissectrice de $\widehat{A}$	

/4

2 Construction

Construisez le point C sur la droite **d** pour que (AA') soit la bissectrice de l'angle $\widehat{BAC}$.

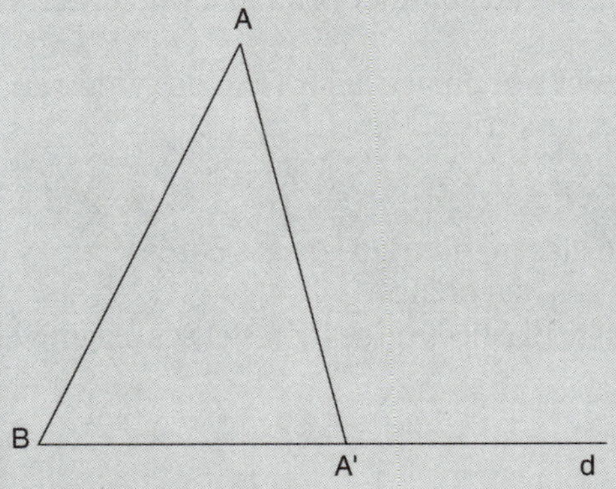

/3

3 Méthode

Trouvez une méthode pour effectuer la construction demandée dans l'exercice 2 avec seulement un compas et une règle non graduée.

/3

4 L'angle inconnu.

À l'aide des indications portées sur la figure et seulement celles-ci, déterminez la mesure de l'angle $\widehat{KXZ}$.

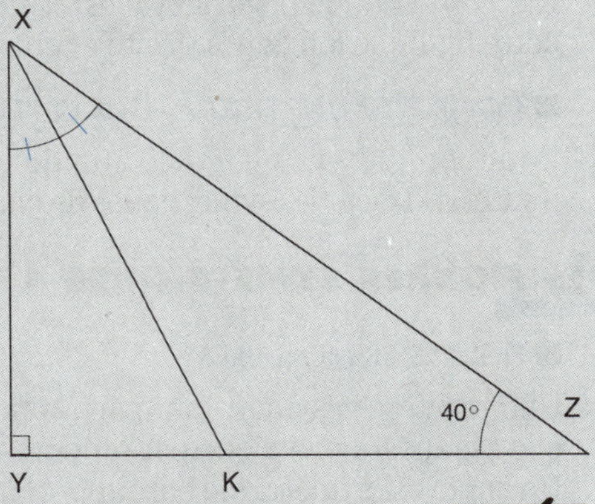

/5

5 Construction.

Construisez le triangle BIL, à l'aide seulement d'une règle non graduée et d'un compas, sachant que :

- BIL est un triangle isocèle en L,
- L est un point de la droite **d**.

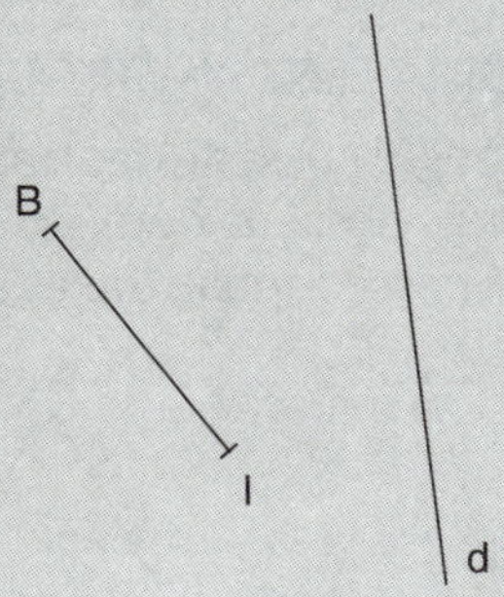

/5

POUR RETENIR L'ESSENTIEL

19 Figures symétriques

FIGURE SYMÉTRIQUE

■ RECONNAÎTRE LES SYMÉTRIES D'UNE FIGURE

Axe de symétrie d'une figure : une droite est un axe de symétrie d'une figure si chacun de ses points a son symétrique sur cette figure.
Figure symétrique : une figure est symétrique si elle a un axe de symétrie.
On *constate* qu'une figure est symétrique par rapport à une droite en pliant cette figure le long de la droite et en vérifiant que les parties se superposent.

■ COMPLÉTER UNE FIGURE POUR QU'ELLE SOIT SYMÉTRIQUE

Pour compléter une figure afin qu'elle soit symétrique par rapport à une droite, il suffit de tracer les symétriques de chaque partie de la figure par rapport à cette droite.

DES FIGURES SYMÉTRIQUES À CONNAÎTRE

■ FIGURES ÉLÉMENTAIRES

Une droite est symétrique par rapport à toute droite qui lui est perpendiculaire ; elle est aussi symétrique par rapport à elle-même.
Un angle est symétrique par rapport à sa bissectrice.
Un segment est symétrique par rapport à sa médiatrice.
Un cercle est symétrique par rapport à chacun de ses diamètres.

■ TRIANGLE SYMÉTRIQUES

Un triangle isocèle possède un axe de symétrie : la médiatrice de sa base.
Dans un triangle isocèle, la bissectrice de l'angle au sommet principal est confondue avec la médiatrice de la base.
Un triangle symétrique est isocèle, son sommet principal est sur l'axe de symétrie.
Un triangle équilatéral possède trois axes de symétrie.

■ QUADRILATÈRES SYMÉTRIQUES

Un rectangle possède deux axes de symétrie : les médiatrices de ses côtés.
Un losange possède deux axes de symétrie : ses diagonales.
Un carré possède quatre axes de symétrie : les médiatrices de ses côtés et ses diagonales.

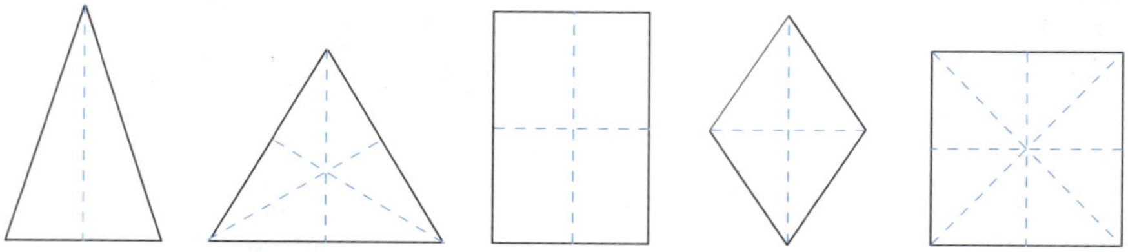

Comment reconnaître les symétries d'une figure

Tracez le ou les axes de symétrie des deux figures.

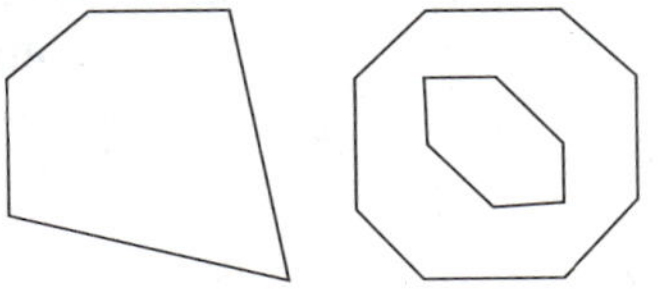

Correction

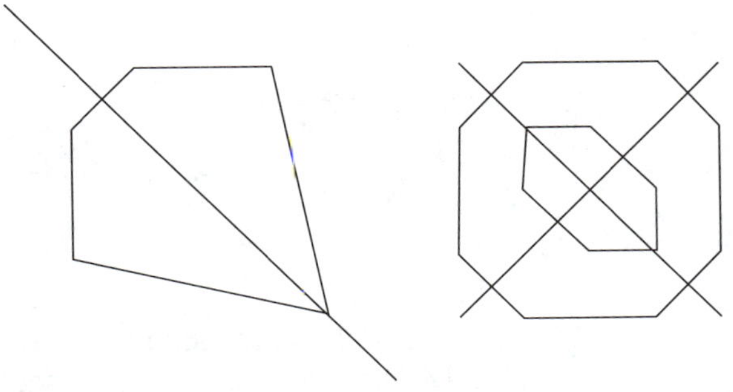

Un axe de symétrie partage la figure en deux parties qui se superposent par pliage le long de l'axe. N'oubliez pas la fin de cette phrase.

La figure de gauche n'a qu'un axe de symétrie alors que celle de droite en possède deux.

Comment utiliser les symétries d'une figure

Les diagonales du losange ABCD se coupent en O. Dessinez, sans dépasser du cadre tout ce qui est possible des côtés de ce losange.

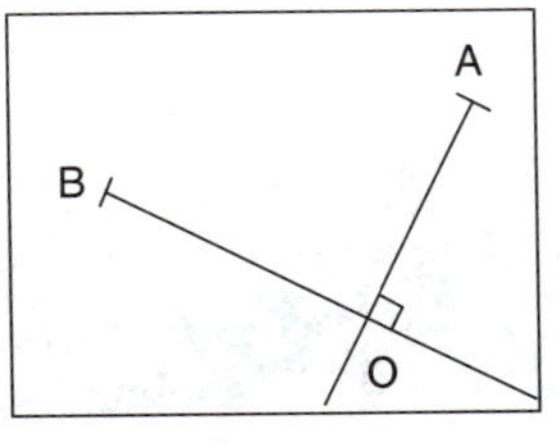

Correction

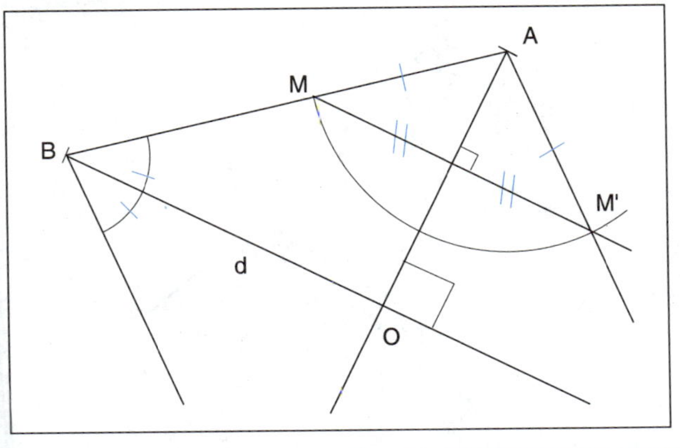

On utilise le fait que les diagonales sont des axes de symétrie du losange :

- Pour le côté [BC], deux angles symétriques ayant la même mesure, on a pu tracer ce côté à l'aide du rapporteur.
- Pour le côté [AD], on a construit puis utilisé M', le symétrique d'un point M de [AB] par rapport à la diagonale (AO).

POUR VOUS ENTRAÎNER

1 Tracez le ou les axes de symétrie des figures symétriques.

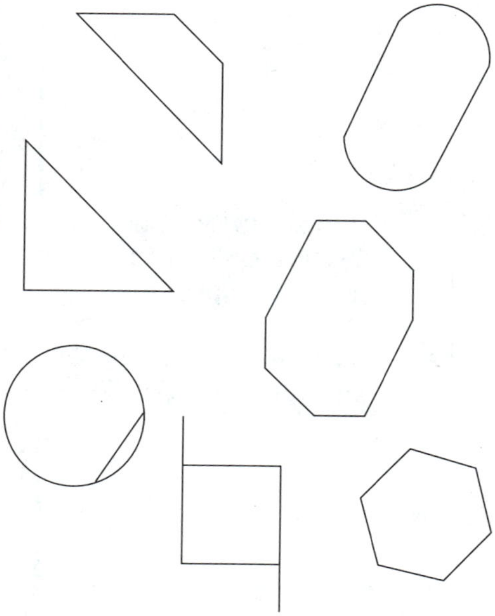

2 À l'aide du quadrillage, complétez la figure pour qu'elle soit symétrique par rapport à d.

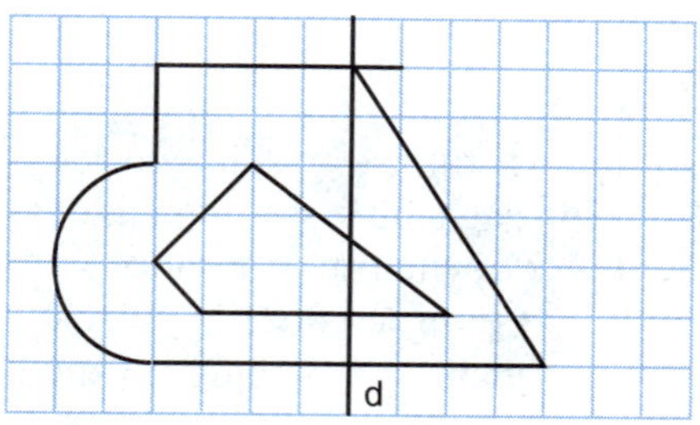

3 Construisez, sur la droite d le sommet I du losange SION.

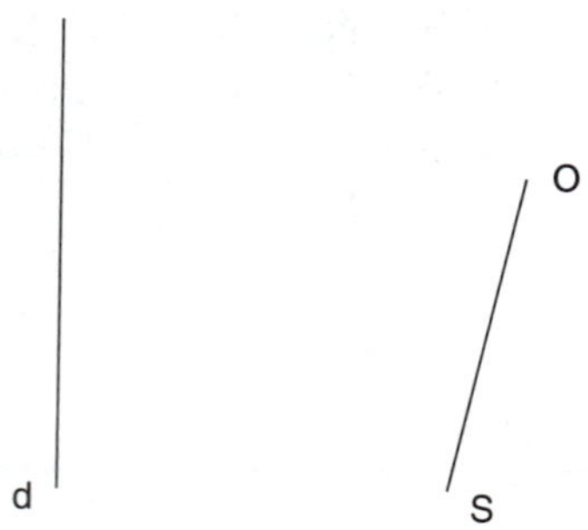

4 A est un des quatre sommets du carré ABCD et O est le point d'intersection de ses diagonales.
Construisez les quatre côtés du carré.

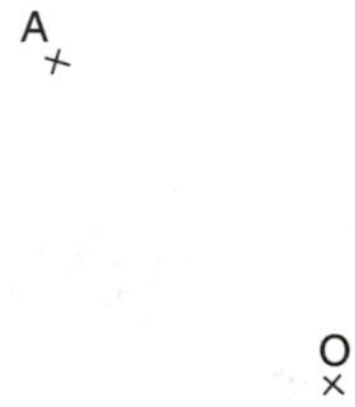

5 A est l'un des quatre sommets du rectangle ABCD, O est le point d'intersection des diagonales et d = (AB).
Construisez les quatre côtés du rectangle.

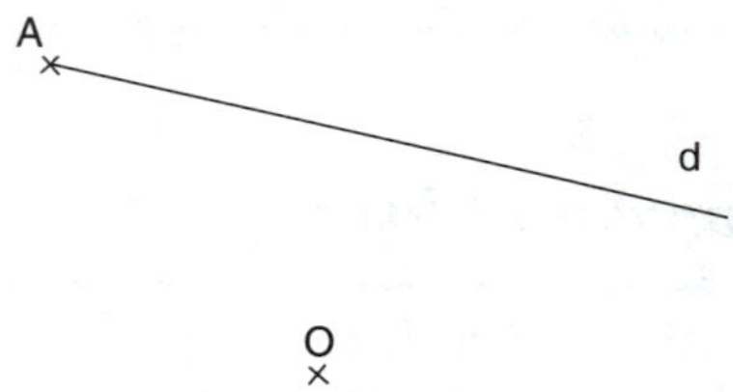

6 Construisez les côtés du triangle FER sachant qu'il est équilatéral et que d est un de ses trois axes de symétrie.

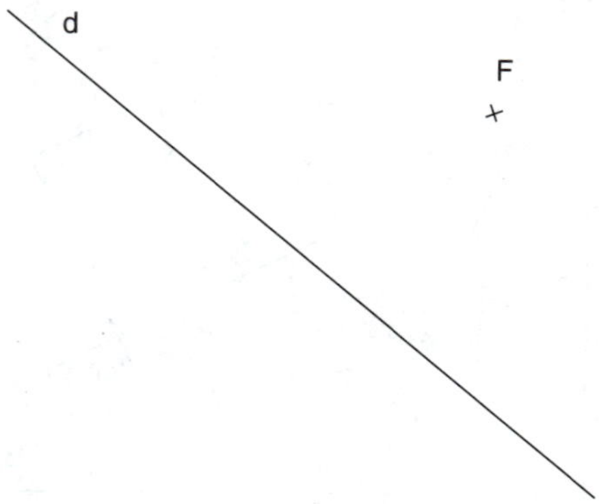

test .../20

1 Juste ou Faux ?

Corrigez la copie de Roman qui devait tracer les axes de symétrie des figures symétriques. Cochez les bonnes cases.

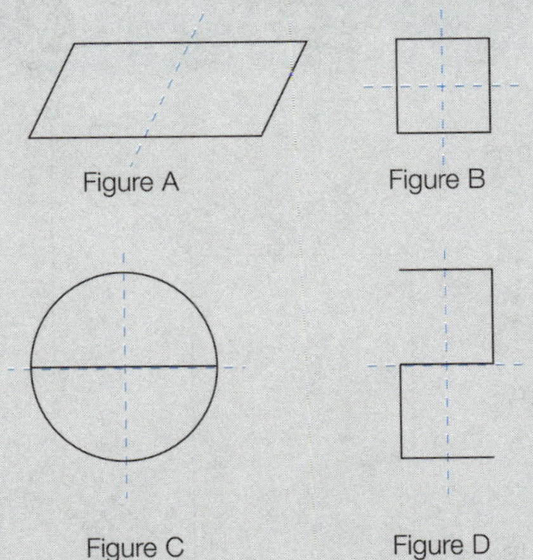

	Juste	Faux
Figure A		
Figure B		
Figure C		
Figure D		

/4

2 Tracez un triangle ABC symétrique par rapport à la droite d.

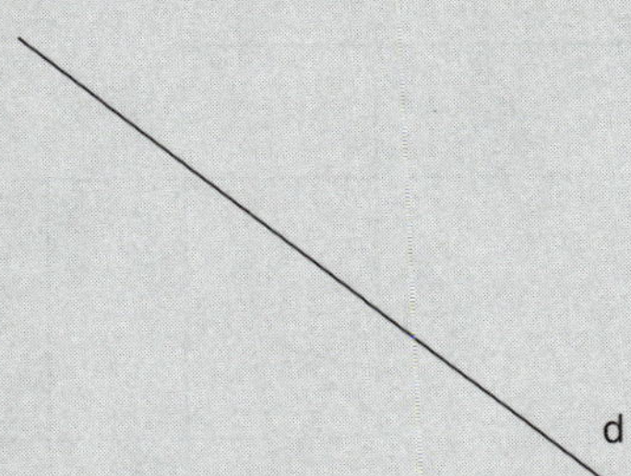

/4

3 ABCD est un losange dont la diagonale (BD) est la droite d.

Construisez les côtés de ce losange.

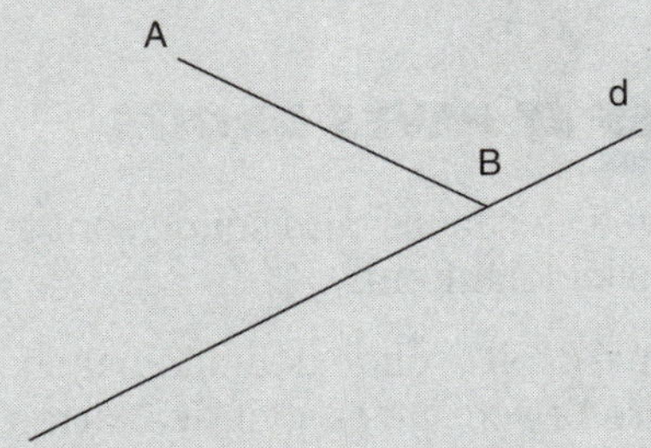

/5

4 RECT est un rectangle dont les axes de symétrie sont dessinés.

Construisez les côtés de ce rectangle.

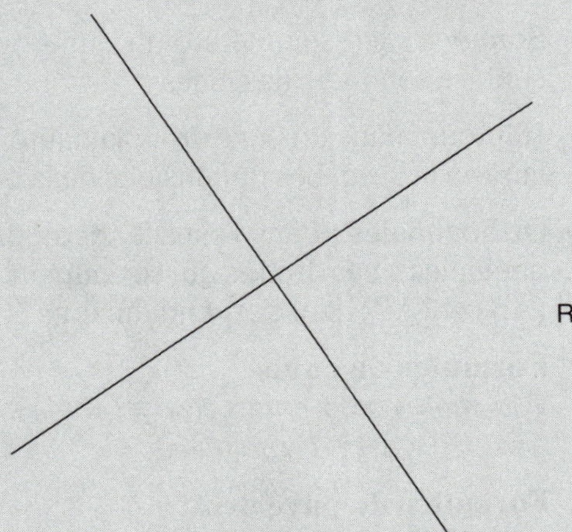

/5

5 Parmi les lettres suivantes, barrez celles qui ne sont pas symétriques.

R C M K L O

/2

20 Géométrie de l'espace

POUR RETENIR L'ESSENTIEL

CUBES ET PAVÉS DROITS

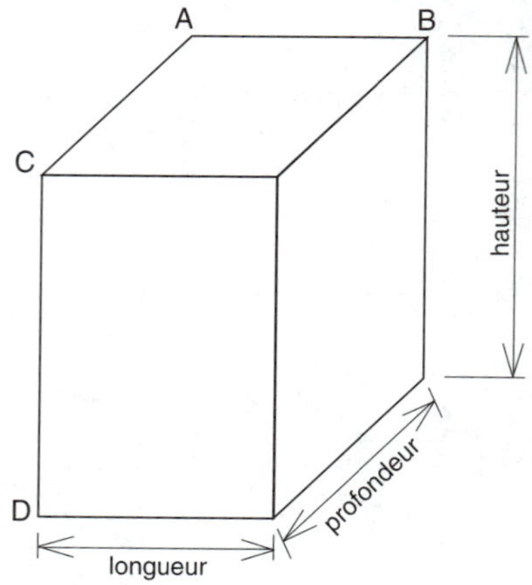

Face : les faces d'un solide sont les figures planes qui le délimitent.

Pavé droit : solide délimité par six faces rectangulaires. Si ces faces sont des carrés, le solide est un **cube**.

Parallélépipède rectangle : synonyme de pavé droit.

Base : face d'un pavé droit.

Arête : les arêtes d'un cube ou d'un pavé sont les côtés des faces.

Sommet : les sommets d'un cube ou d'un pavé sont les sommets des faces

Hauteur : dans un pavé droit, la hauteur est la longueur d'une des arêtes perpendiculaires à la base. Les dimensions de la base s'appellent alors **longueur et profondeur**.

Orthogonales : dans l'espace, deux droites sont orthogonales si on peut tracer des parallèles à ces droites qui se coupent perpendiculairement.
(AB) et (AC) sont perpendiculaires et (AB) et (CD) sont orthogonales.

Formules du cube
Volume = côté × côté × côté = (côté)³.
Aire = 6 × aire d'une face.

Formules du pavé droit
Volume = aire de la base × hauteur.
Aire = somme des aires des faces.

PATRONS OU DÉVELOPPEMENT

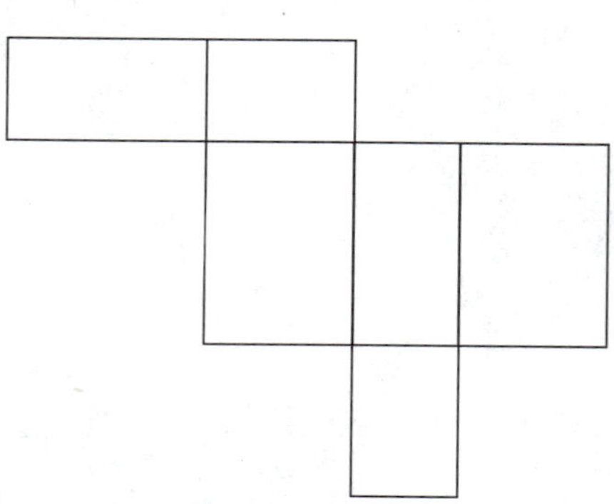

Après certains découpages, on peut parfois « mettre à plat » la surface d'un solide.
On dit alors qu'il est développable et on appelle **développement** (ou **patron**) la figure plane obtenue.
Voici un exemple de patron de pavé droit.

Comment dessiner en perspective

Complétez le dessin du pavé droit.

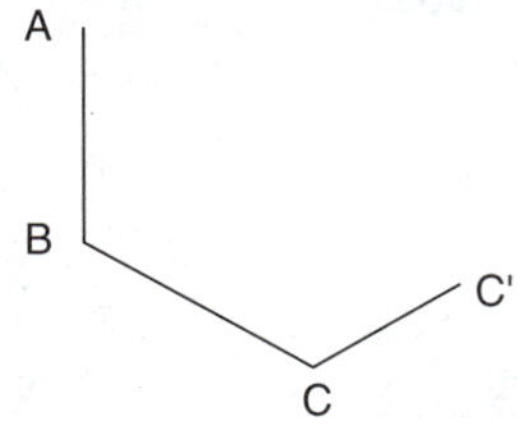

Correction

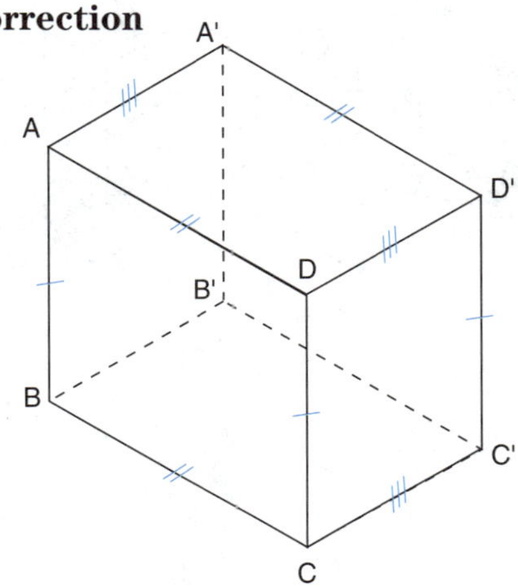

En perspective cavalière, des côtés parallèles dans la réalité restent parallèles sur le dessin.
Mais des perpendiculaires dans la réalité ne restent pas toujours perpendiculaires sur le dessin.

Comment décrire un pavé droit

D'après la représentation du pavé droit ci-dessus, écrivez la liste des arêtes parallèles à [AB], perpendiculaires à [AB] puis orthogonales à [AB].

Correction

- Les arêtes parallèles à [AB] sont :
[A'B'], [DC] et [D'C'].
- Les arêtes perpendiculaires à [AB] sont :
[AA'], [AD], [BC] et [BB'].
- Les arêtes orthogonales à [AB] sont :
[AA'], [DD'], [CC'], [BB'], puis [AD], [BC], [B'C'] et [A'D'].

Deux droites perpendiculaires sont orthogonales mais la réciproque n'est pas toujours vraie.

Comment calculer l'aire et le volume d'un pavé

Calculez l'aire et le volume du pavé représenté ci-dessus sachant que AB = 5 cm, BC = 7 cm et CC' = 6 cm.

Correction

- L'aire de la face ABCD est $5 \times 7 = 35$ cm^2, l'aire de la face DCC'D' est $5 \times 6 = 30$ cm^2, l'aire de la face ADD'A' est $7 \times 6 = 42$ cm^2, donc l'aire du pavé droit est : $2\,(35 + 30 + 42) = 2 \times 107 = 214$ cm^2.
- Le volume du pavé est $5 \times 6 \times 7 = 210$ cm^3.

Deux faces parallèles d'un pavé ont les mêmes dimensions.

POUR VOUS ENTRAÎNER

1 Complétez la représentation en perspective cavalière du pavé droit.

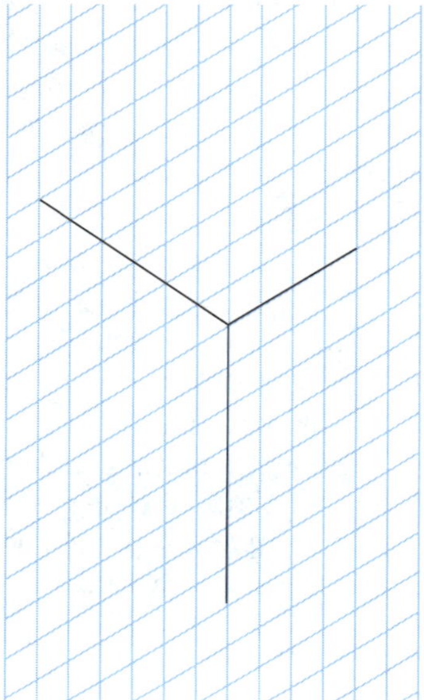

2 On a numéroté les douze arêtes d'un pavé dont le patron est dessiné ci-dessous.
Complétez la numérotation en remplaçant les ? par les bons numéros.

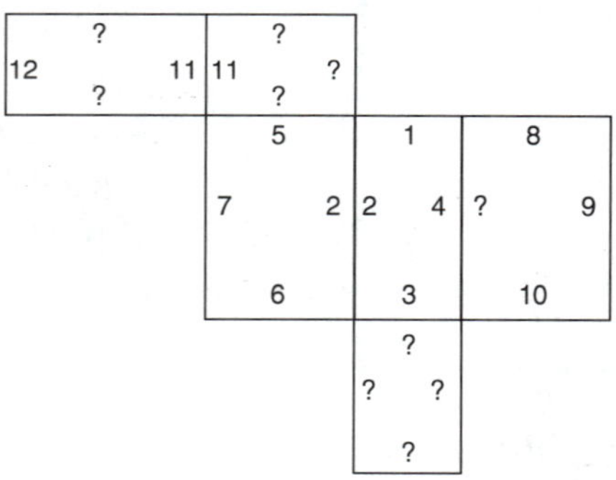

3 Reproduisez ces deux rectangles sur papier quadrillé.
Complétez pour obtenir le patron d'un pavé droit.

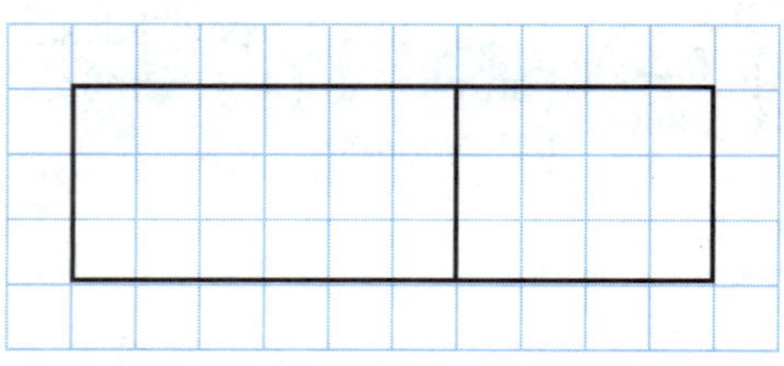

4 Rachel a empilé ses cubes et elle les regarde de dessus.
Quelle figure voit-elle parmi les figures A, B, C ou D ?

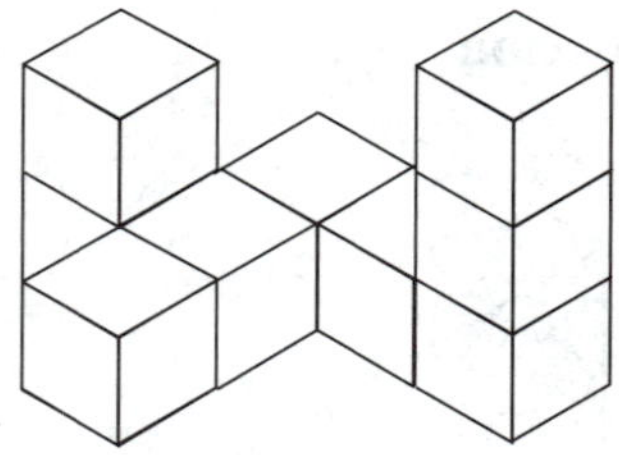

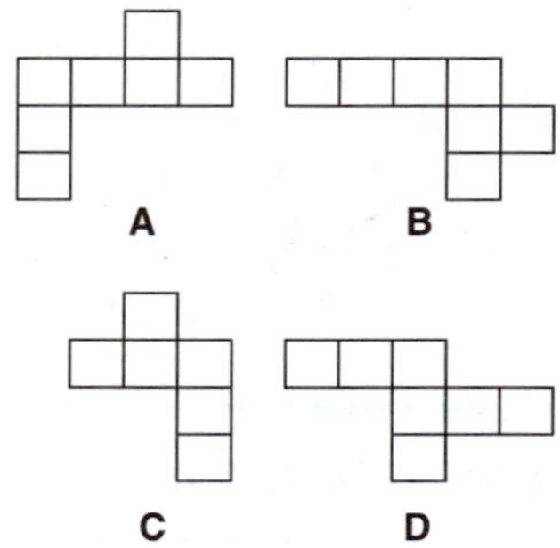

5 Regardez le pavé droit ABCDA'B'C'D' de la page 81.
Écrivez la liste des arêtes parallèles à [BC] puis celle des arêtes orthogonales à [CC'].

6 Sur le même pavé.
a) Quelle est la face parallèle à ABB'A' ?
b) Quelles sont les faces perpendiculaires à ABB'A' ?

7 Une armoire a la forme d'un parallélépipède rectangle de dimensions h = 1,80 m ; L = 1,20 m et p = 60 cm.
a) Que signifient les lettres h, L et p ?
b) Calculez le volume, puis l'aire totale de l'armoire.

8 Une boîte de sucres en morceaux mesure H = 5,25 cm ; L = 17,5 cm et P = 11 cm, alors qu'un morceau de sucre mesure h = 1,75 cm ; l = 1,25 cm et p = 2,75 cm.
a) Combien y a-t-il de morceaux de sucre dans cette boîte ?
b) Sachant que la boîte pèse 1 kg, calculez le poids d'un morceau de sucre.

test .../20

EXERCICES

1 **Complétez le texte par les mots :**

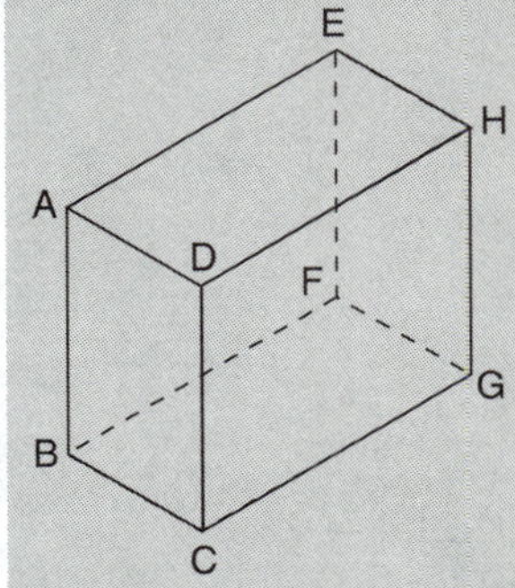

sommet, arête, face, rectangle, six, huit, douze, parallèle, perpendiculaire, orthogonale.

A est un des .... du pavé, ABCD est une des ...., c'est un .... [BF] est une des ...., elle est .... à [GH] et .... à [BC] mais elle est .... à [CG].

.... /5

2 **Parmi les figures suivantes, quelles sont celles qui permettent de construire un parallélépipède rectangle ?**

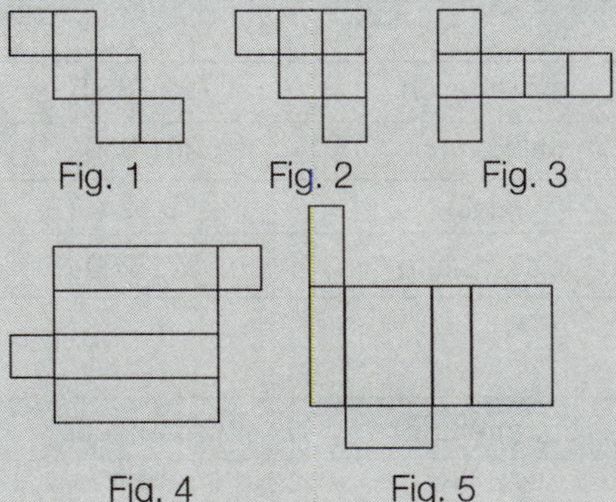

....

....

.... /5

3 **Un pavé droit a pour dimensions 80 cm, 1,25 m et 1,4 m.**

a) Calculez son volume en m^3.

....

....

b) Calculez l'aire de ce pavé en m^2.

....

....

.... /4

4 **Complétez la représentation en perspective cavalière du pavé droit.**

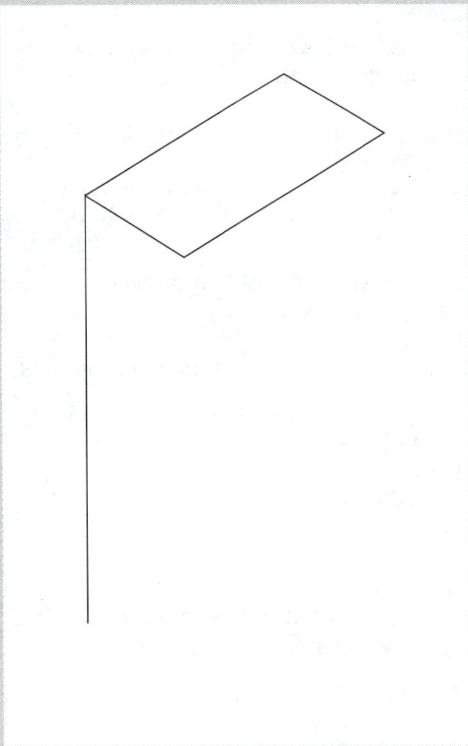

.... /6

1 Nombres décimaux, conversion

1. On peut s'aider du tableau :

milliers		unités			décimales		
d	u	c	d	u	d	c	m
1	3				7		
		1	0	2	1	5	
			1	2		8	0
		1	8	3	5		

Treize mille et sept dixièmes : 13 000,7.
Cent deux et quinze centièmes : 102,15.
Douze et quatre-vingt millièmes : 12,08.
Mille huit cent trente-cinq dixièmes : 183,5.

2.

N'oubliez pas les règles d'orthographe pour l'écriture des nombres :
– mille est invariable,
– vingt et cent ne prennent un s que s'ils ne sont pas suivis,
– de dix-sept à quatre-vingt-dix-neuf, on écrit un trait d'union sauf si on écrit et.

125,3 : cent vingt-cinq et trois dixièmes.
5,5 : cinq et cinq dixièmes.
0,07 : sept centièmes.
1 200,04 : mille deux cent et quatre centièmes.

3. 3,14 → 1
1,732 → 7
0,6931 → 6
2,718 → 7
18 → 0
Trente-sept centièmes (0,37) → 3
Huit et soixante-douze millièmes (8,072) → 0
Six cent quatre centièmes (6,04) → 0.

4.

Ne confondez pas le chiffre des dixièmes et le nombre des dixièmes.

1 → 10
23 → 230
23,5 → 235
5,05 → 50
70,36 → 703
1,414 → 14
0,07 → 0.

5. 541,12 → 5
98 752,145 → 7
23,65 → 0
8 453 → 4
Mille deux cent douze (1 212) → 2
Six cent vingt et un (621) → 6
Quatre-vingt mille quatre-vingts (80 080) → 0.

6. 1 → 1 000
0,556 → 556
0,648 → 648
3,1415 → 3 141
2,7183 → 2 718
0,0004 → 0
Dix-huit millièmes (0,018) → 18
Vingt-trois centièmes (0,23) → 230
Sept et cent douze dix-millièmes (7,0112) → 7 011.

7.

Pour convertir des milliards en millions, on multiplie par 1 000 : il faut 1 000 millions pour faire 1 milliard.

alimentation	793 785,5
habillement	261 650
santé	419 124,7
loisir, culture	322 200

8.

commerçant	professeur
2 F 50	2,5 F
4 F 35	4,35 F
12 F 05	12,05 F
7 F 20	7,2 F
4 F 80	4,8 F

9.

km	m	cm	mm
0,035	35	3 500	35 000
0,065	65	6 500	65 000
0,00352	3,52	352	3 520

10.

t	kg	hg	g
0,0075	7,5	75	7 500
0,45	450	4 500	450 000
0,00085	0,85	8,5	850

11.

ha	m²	cm²
0,012	120	1 200 000
0,0000004	0,004	40
12	120 000	1 200 000 000

12.

On convertit des secondes en minutes ou des minutes en heures en divisant par 60. Pour convertir en heure minutes et secondes on convertit en heures, on convertit la partie décimale du nombre d'heures en minutes, enfin on convertit la partie décimale du nombre de minutes en secondes.

h min s	h	min	s
1 h 34 min 30 s	1,575	94,5	5 670
1 h 2 min 6 s	1,035	62,1	3 726
2 h 45 min	2,75	165	9 900

Explications pour la première ligne :
s : 94,5 x 60 = 5 670
h : 94,5 ÷ 60 = 1,575
h min s : 0,575 x 60 = 34,5 et 0,5 x 60 = 30.

test

1.

nombre	chiffre des centaines	chiffre des dixièmes	nombre de dizaines
1 245,17	2	1	124
53,689	0	6	5
7,05	0	0	0

2.

trente et un centièmes	310
trente et un centième	0,31
trente et une dizaines	30,01
trente et un dixième	30,1

trente et un centièmes → 0,31
trente et un centième → 30,01
trente et une dizaines → 310
trente et un dixième → 30,1

3. Il fallait trouver 1 789 : 17 centaines, 8 = 1 + 7 et tout nouveau signifie neuf...

4. 7,5 cm → 75 mm
45,155 dm → 4 515,5 mm
2,125 m → 2 125 mm
83 cm → 830 mm.

5.

Pour additionner des longueurs, elles doivent être exprimées avec la même unité.

On convertit chaque distance en km.
450 m → 0,45 km
200 m → 0,2 km
30 m → 0,03 km
On additionne les longueurs :
0,45 + 0,2 + 2,5 + 0,03 = 3,18

La longueur du trajet de Raphaël est 3,18 km.

6.

La montre de Morgane	Une autre montre
08 : 05 : 75	08 : 06 : 15
12 : 82 : 25	13 : 22 : 25
17 : 95 : 84	18 : 36 : 24
23 : 72 : 83	00 : 13 : 23

2 Notion de fraction

1. a) Le segment [AB] est partagé en 5 segments de même longueur, [AM] est l'un de ces segments donc sa longueur est égale à $\frac{1}{5}$ de celle de [AB].

b) On a pris maintenant un segment [AM] deux fois plus long, la fraction cherchée est donc $\frac{2}{5}$.

c) Le point M est le milieu du segment [AB], les longueurs AM et MB sont égales à la moitié de AB, la fraction demandée est $\frac{1}{2}$.

En comparant les questions b) et c) on aurait pu dire aussi que la longueur AM a augmenté de la moitié d'un cinquième, c'est-à-dire d'un dixième. On aurait obtenu alors $\frac{2}{5} + \frac{1}{10}$ c'est-à-dire

$\frac{4}{10} + \frac{1}{10} = \frac{5}{10} = \frac{5 \times 1}{5 \times 2} = \frac{1}{2}$.

Retenez que, pour effectuer l'addition de deux fractions, il faut qu'elles aient le même dénominateur ; on additionne des tiers ensemble, des quarts ensemble, des dixièmes ensemble...

d) On peut trouver la fraction demandée $\frac{7}{10}$ de différentes façons : ajouter $\frac{1}{10}$ à $\frac{3}{5}$; compter directement $\frac{7}{10}$; ou encore soustraire $\frac{3}{10}$ à l'unité c'est-à-dire à $\frac{10}{10}$.

2. a) On compte huit parties de même aire dont trois sont coloriées, la fraction représentée est $\frac{3}{8}$.

b) En partageant en deux par une diagonale le rectangle non colorié on remarque que le grand rectangle est décomposé en quatre parties dont trois sont coloriées. La fraction cherchée est donc $\frac{1}{4}$.

c) $\frac{6}{8}$; d) $\frac{4}{6}$.

3. a) Cinq secteurs angulaires sur huit identiques sont coloriés donc la fraction représentée est $\frac{5}{8}$.

b) Quatre secteurs sur six identiques sont coloriés donc la fraction est $\frac{4}{6}$. On aurait pu aussi proposer $\frac{2}{3}$ comme réponse : deux secteurs sur trois sont coloriés, $\frac{4}{6} = \frac{2}{3}$.

4. $7 \times \frac{1}{\mathbf{7}} = 1$. $\quad 4 \times \frac{1}{\mathbf{7}} = \frac{4}{7}$.

Car il faut sept septièmes pour faire une unité.

$\frac{5}{8} + \frac{3}{\mathbf{8}} = 1 \qquad \frac{1}{\mathbf{6}} \times 6 = 1$

$\frac{17}{\mathbf{10}} + \frac{3}{10} = 2 \qquad \frac{13}{9} - \frac{4}{\mathbf{9}} = 1$

Attention, $2 = \frac{20}{10}$ car $20 \div 10 = 2$.

5.

Pour ne pas faire d'erreur, retenez qu'on ne change pas la valeur d'une fraction en multipliant son numérateur et son dénominateur par le même nombre. Dans cet exercice, il faut à chaque fois se demander par combien le numérateur (ou bien le dénominateur) est multiplié et faire la même opération au dénominateur (ou bien au numérateur).

$\frac{1}{2} = \frac{\mathbf{7}}{14} = \frac{8}{\mathbf{16}} = \frac{\mathbf{25}}{50}$. $\quad \frac{7}{5} = \frac{\mathbf{14}}{10} = \frac{28}{\mathbf{20}} = \frac{\mathbf{56}}{40}$.

$\frac{\mathbf{9}}{12} = \frac{3}{4} = \frac{60}{\mathbf{80}} = \frac{\mathbf{45}}{60}$. $\quad \frac{40}{\mathbf{60}} = \frac{\mathbf{24}}{36} = \frac{8}{12} = \frac{\mathbf{2}}{3}$.

6. Voici les nombres qui ne sont pas divisibles par 5 : 12 ; 702 ; 41 ; 52 ; 23.

Un nombre entier dont le chiffre des unités n'est pas 5 ou 0 n'est pas divisible par 5.

7. Il n'y avait qu'un nombre qui n'était pas divisible par 3. C'est : 98.

Un nombre entier dont la somme des chiffres n'est pas multiple de 3 n'est pas divisible par 3.

8. Voici les nombres qui sont divisibles à la fois par 2 et par 3.

Il fallait que la somme des chiffres soit un multiple de trois et que le chiffre des unités soit 2, 4, 6, 8 ou 0.

12 ; 198 ; 456 ; 654 ; 750.

9. Voici les nombres qui sont divisibles par 5 ou par 3.
845, 357, 710, 744, 675.

10.

Attention, si vous ne savez pas encore par cœur les tables de multiplication, il est encore temps de les apprendre. Elles sont indispensables pour simplifer les fractions !

$\frac{12}{10} = \frac{2 \times 6}{2 \times 5} = \frac{6}{5}$; $\frac{21}{15} = \frac{3 \times 7}{3 \times 5} = \frac{7}{5}$.

$\frac{40}{25} = \frac{5 \times 8}{5 \times 5} = \frac{8}{5}$; $\frac{28}{20} = \frac{4 \times 7}{4 \times 5} = \frac{7}{5}$.

$\frac{24}{27} = \frac{3 \times 8}{3 \times 9} = \frac{8}{9}$; $\frac{5}{15} = \frac{5 \times 1}{5 \times 3} = \frac{1}{3}$.

test

1. Il fallait associer :
$\frac{3}{8}$ et D ; $\frac{3}{4}$ et B ; $\frac{4}{9}$ et A ; $\frac{3}{5}$ et C.

Attention, s'il y a 3 parties coloriées et 5 qui ne le sont pas, le nombre total de parties est 5 + 3 = 8. Ne confondez pas $\frac{3}{5}$ et $\frac{3}{8}$.

2. Les enfants ont mangé 5 parts sur 8, la part du chien est le reste, c'est-à-dire $\frac{3}{8}$.

3.

Pour chaque durée, il faut se demander combien de fois il faut cette durée pour faire une heure ou 60 min.

30 min = $\frac{1}{2}$ h ; 15 min = $\frac{1}{4}$ h ; 10 min = $\frac{1}{6}$ h ;
12 min = $\frac{1}{5}$ h ; 20 min = $\frac{1}{3}$ h.

4.

	2	3	5	7	9
30	x	x	x		
48	x	x			
351		x			x
210	x	x	x	x	
630	x	x	x	x	x

5.
$\frac{12}{20} = \frac{4 \times 3}{4 \times 5} = \frac{3}{5}$; $\frac{15}{24} = \frac{3 \times 5}{3 \times 8} = \frac{5}{8}$;
$\frac{30}{25} = \frac{5 \times 6}{5 \times 5} = \frac{6}{5}$; $\frac{18}{63} = \frac{9 \times 2}{9 \times 7} = \frac{2}{7}$.

3 Fractions et décimaux

1.

Cela revient à écrire le nombre de dixième de chaque nombre.

$0,5 = \frac{5}{10}$; $2,7 = \frac{27}{10}$; $3 = \frac{30}{10}$; $20 = \frac{200}{10}$.

2.

Cela revient à écrire le nombre de centième de chaque nombre.

$0,5 = \frac{50}{100}$; $2,7 = \frac{270}{100}$; $1,12 = \frac{112}{100}$;
$0,03 = \frac{3}{100}$; $14 = \frac{1\,400}{100}$.

3. $0,5 = \frac{500}{1\,000}$; $2,7 = \frac{2\,700}{1\,000}$; $0,003 = \frac{3}{1\,000}$;
$12,578 = \frac{12\,578}{1\,000}$; $19 = \frac{19\,000}{1\,000}$.

4.

Pour cet exercice il faut choisir le dénominateur pour que le numérateur soit entier. Il y a plusieurs réponses possibles.

$1,732 = \frac{1\,732}{1\,000} = \frac{17\,320}{10\,000} = \frac{173\,200}{100\,000}$; $3,14 = \frac{314}{100}$;
$1,404 = \frac{1\,404}{1\,000}$; $12 = \frac{12}{1}$; $0,07 = \frac{7}{100}$.

5. $\frac{5}{2} = \frac{5 \times 5}{2 \times 5} = \frac{25}{10}$; $\frac{8}{5} = \frac{8 \times 2}{5 \times 2} = \frac{16}{10}$;
$\frac{12}{25} = \frac{12 \times 4}{25 \times 4} = \frac{48}{100}$; $\frac{7}{4} = \frac{7 \times 25}{4 \times 25} = \frac{175}{100}$;
On ne peut pas multiplier 3 ni 7 par un entier pour obtenir 10, 100 ou 1 000… les fractions $\frac{2}{3}$ et $\frac{5}{7}$ ne peuvent s'écrire sous forme décimale, les nombres ne sont pas décimaux.

6. $\frac{25}{10} = \frac{5 \times 5}{2 \times 5} = \frac{5}{2}$; $\frac{8}{10} = \frac{4 \times 2}{5 \times 2} = \frac{4}{5}$;
$\frac{15}{100} = \frac{3 \times 5}{20 \times 5} = \frac{3}{20}$; $\frac{225}{100} = \frac{9 \times 25}{4 \times 25} = \frac{9}{4}$;
$\frac{16}{100} = \frac{4 \times 4}{25 \times 4} = \frac{4}{25}$.

7. $6,87 = 6 + \frac{8}{10} + \frac{7}{100} = \frac{600}{100} + \frac{80}{100} + \frac{7}{100}$
$= \frac{687}{100}$;
$2,54 = 2 + \frac{5}{10} + \frac{4}{100} = \frac{200}{100} + \frac{50}{100} + \frac{4}{100} = \frac{254}{100}$;
$32,25 = 30 + 2 + \frac{2}{10} + \frac{5}{100}$
$= \frac{3\,000}{100} + \frac{200}{100} + \frac{20}{100} + \frac{5}{100} = \frac{3\,225}{100}$;
$30,5 = 30 + \frac{5}{10} = \frac{300}{10} + \frac{5}{10} = \frac{305}{10}$.

8.

Cet exercice vous permet de faire le lien entre le nombre décimal, sa partie entière et sa partie décimale.

$6,87 = 6 + \frac{87}{100} = \frac{600}{100} + \frac{87}{100} = \frac{687}{100}$;
$2,54 = 2 + \frac{54}{100} = \frac{200}{100} + \frac{54}{100} = \frac{254}{100}$;
$32,25 = 32 + \frac{25}{100} = \frac{3\,200}{100} + \frac{25}{100} = \frac{3\,225}{100}$;
$30,5 = 30 + \frac{5}{10} = \frac{300}{10} + \frac{5}{10} = \frac{305}{10}$.

9.

Dans cet exercice, on transforme la fraction décimale obtenue en écriture décimale.

$\frac{5}{2} = \frac{25}{10} = 2,5$; $\frac{8}{5} = \frac{16}{10} = 1,6$;
$\frac{12}{25} = \frac{48}{100} = 0,48$; $\frac{7}{4} = \frac{175}{100} = 1,75$.

10.

L'objectif de cet exercice est le contraire de celui de l'exercice n° 4. Il est intéressant de comparer ces deux exercices.

$\frac{154}{1\,000} = 0{,}154$; $\frac{526}{100} = 5{,}26$; $\frac{782}{10} = 78{,}2$;
$\frac{654}{1} = 654$.

11.

Il est intéressant de comparer cet exercice et le n° 7.

$\frac{47}{10} = \frac{40}{10} + \frac{7}{10} = 4 + \frac{7}{10} = 4{,}7$;

$\frac{421}{10} = \frac{400}{10} + \frac{20}{10} + \frac{1}{10} = 40 + 2 + \frac{1}{10} = 42{,}1$;

$\frac{564}{100} = \frac{500}{100} + \frac{60}{100} + \frac{4}{100} = 5 + \frac{6}{10} + \frac{4}{100} = 5{,}64$;

$\frac{6\,542}{100} = \frac{6\,000}{100} + \frac{500}{100} + \frac{40}{100} + \frac{2}{100}$

$= 60 + 5 + \frac{4}{10} + \frac{2}{100} = 65{,}42$.

12.

Il faut rapprocher cet exercice des nos 8 et 11.

$\frac{47}{10} = \frac{40}{10} + \frac{7}{10} = 4 + \frac{7}{10} = 4{,}7$;

$\frac{421}{10} = \frac{420}{10} + \frac{1}{10} = 42 + \frac{1}{10} = 42{,}1$;

$\frac{564}{100} = \frac{500}{100} + \frac{64}{100} = 5 + \frac{64}{100} = 5{,}64$;

$\frac{6\,542}{100} = \frac{6\,500}{100} + \frac{42}{100} = 65 + \frac{42}{100} = 65{,}42$.

test

1.

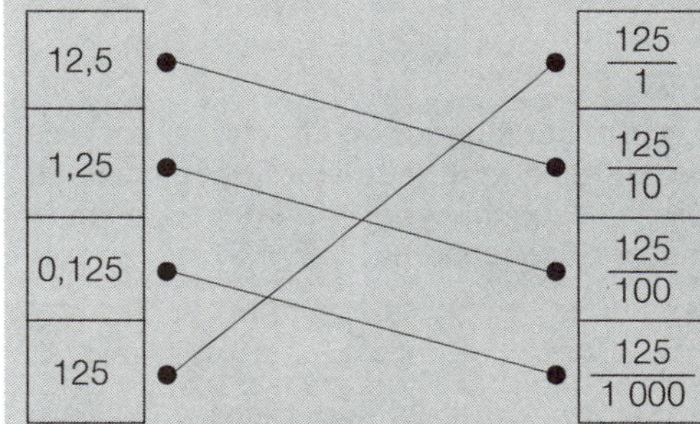

2. Tous ces nombres sont égaux à 62,4 sauf l'intrus : $\frac{624}{100}$; $\frac{624}{100} = 6{,}24$.

3.

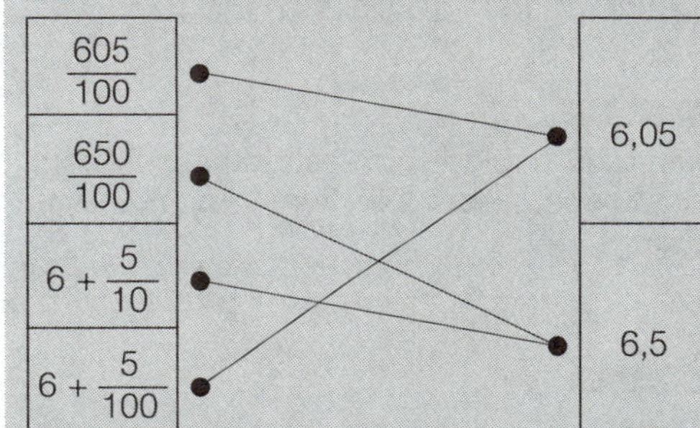

4. Pour cet exercice il faut répondre avec des nombres qui aient du sens dans la réalité décrite.
545 km ; 0,545 t ; 54,5 F ; 5,45 F le litre.

5. 10 centimes = $\frac{1}{10}$ F et $\frac{37}{10} = 3{,}7$ donc Maud n'a pas assez de pièces pour obtenir une grosse pièce de 5 F.

6.

fraction décimale		notation décimale
$\frac{504}{10}$	=	50,4
$\frac{452}{10}$	=	45,2
$\frac{43}{1\,000}$	=	0,043

4 Fractions et calculs

1.

Avant d'additionner des fractions, on vérifie qu'elles ont le même dénominateur. Sinon il faut changer l'écriture pour avoir le même dénominateur.

a) $\frac{3}{10} + \frac{5}{10} = \frac{3+5}{10} = \frac{8}{10}$; 0,3 + 0,5 = 0,8.

b) $\frac{73}{10} - \frac{32}{10} = \frac{73-32}{10} = \frac{41}{10}$; 7,3 – 3,2 = 4,1.

c) $\frac{41}{100} + \frac{8}{100} = \frac{41+8}{100} = \frac{49}{100}$;
0,41 + 0,08 = 0,49.

d) $5 - \frac{27}{10} = \frac{50}{10} - \frac{27}{10} = \frac{50-27}{10} = \frac{23}{10}$;
5 – 2,7 = 2,3.

Remarquez bien que les opérations sont identiques, seule l'écriture des nombres change.

2.

N'oubliez pas que $\frac{a}{b} = a \div b$. Lorsque b divise a, la fraction $\frac{a}{b}$ est un nombre entier.

$\frac{3}{5} + \frac{7}{5} = \frac{3+7}{5} = \frac{10}{5} = 10 \div 5 = 2$;

N'oubliez pas qu'avec $a \neq 0, 1 = \frac{a}{a}$.

$\frac{6}{7} + 1 = \frac{6}{7} + \frac{7}{7} = \frac{6+7}{7} = \frac{13}{7}$;

$\frac{9}{8} - \frac{5}{8} = \frac{9-5}{8} = \frac{4}{8} = \frac{4 \times 1}{4 \times 2} = \frac{1}{2}$.

3.

a) $\frac{7}{10} \times 3 = \frac{7 \times 3}{10} = \frac{21}{10}$; 0,7 x 3 = 2,1.

b) $11 \times \frac{31}{100} = \frac{11 \times 31}{100} = \frac{341}{100}$; 11 x 0,31 = 3,41.

c) $\frac{85}{10} \times 5 = \frac{85 \times 5}{10} = \frac{425}{10}$; 8,5 x 5 = 42,5.

Remarquez bien que les opérations sont identiques, seule l'écriture des nombres change.

4.

$\frac{2}{5} \times 7 = \frac{2 \times 7}{5} = \frac{14}{5}$;

$3 \times \frac{5}{12} = \frac{3 \times 5}{12} = \frac{3 \times 5}{3 \times 4} = \frac{5}{4}$;

Remarquez qu'il ne faut pas effectuer les produits au numérateur ou au dénominateur avant de simplifier.

$\frac{8}{35} \times 15 = \frac{8 \times 15}{35} = \frac{8 \times 3 \times 5}{7 \times 5} = \frac{24 \times 5}{7 \times 5} = \frac{24}{7}$.

5.

a) $\frac{3}{10} \times \frac{7}{10} = \frac{3 \times 7}{10 \times 10} = \frac{21}{100}$; 0,3 x 0,7 = 0,21.

b) $\frac{12}{100} \times \frac{8}{10} = \frac{12 \times 8}{100 \times 10} = \frac{96}{1\,000}$;
0,12 x 0,8 = 0,096.

c) $\frac{94}{10} \times \frac{8}{10} = \frac{94 \times 8}{10 \times 10} = \frac{752}{100}$; 9,4 x 0,8 = 7,52.

Remarquez bien que les opérations sont identiques, seule l'écriture des nombres change.

6.

Attention, il ne faut pas effectuer les produits au numérateur ou au dénominateur avant de simplifier.

$\frac{3}{4} \times \frac{2}{5} = \frac{3 \times 2}{4 \times 5} = \frac{3 \times 2}{2 \times 2 \times 5} = \frac{3}{10}$.

$\frac{8}{5} \times \frac{15}{4} = \frac{8 \times 15}{5 \times 4} = \frac{4 \times 2 \times 5 \times 3}{5 \times 4} = \frac{2 \times 3}{1} = 6$.

Attention : 5 x 4 = 5 x 4 x 1.

$\frac{27}{8} \times \frac{2}{9} = \frac{27 \times 2}{8 \times 9} = \frac{9 \times 3 \times 2}{2 \times 4 \times 9} = \frac{3}{4}$.

Remarque : certainement, votre calculatrice permet d'effectuer des calculs en écriture fractionnaire. Apprenez à l'utiliser afin de contrôler vos résultats.

7.

Rappelez-vous : pour calculer une fraction d'un nombre, on multiplie le nombre par cette fraction.

Bandes dessinées : $\frac{1}{7} \times 140 = \frac{140}{7} = 20$.

Policiers : $\frac{1}{4} \times 140 = \frac{140}{4} = 35$.

Histoire : $\frac{1}{10} \times 140 = 14$.

Nature : $\frac{2}{7} \times 140 = \frac{2 \times 140}{7} = \frac{280}{7} = 40$.

8.

Il faut calculer $\frac{10}{19}$ de 247,

$\frac{10}{19} \times 247 = \frac{2\,470}{19} = 130$.

Les 15-24 ans regardent la télévision 130 min par jour en moyenne.

9.

Un sixième de 57 900 000 $= \frac{1}{6} \times 57\,900\,000$

$= \frac{57\,900\,000}{6} = 9\,650\,000$.

Un sixième de 57,9 millions égale 9,65 millions, donc on peut dire que plus d'un Français sur six vit en région parisienne.

10.

Considérons 9 sur 200 et 56 sur 200 comme deux fractions de la population française.
22,2 millions = 22 200 milliers.
Le nombre d'agriculteurs en milliers est alors

$\frac{9}{200} \times 22\,200 = \frac{9 \times 22\,200}{200} = 999$.

Le nombre d'ouvriers en milliers est alors

$\frac{56}{200} \times 22\,200 = \frac{56 \times 22\,200}{200} = 6\,216$.

Il y a, en France, 999 000 agriculteurs et 6 216 000 ouvriers.

test

1.

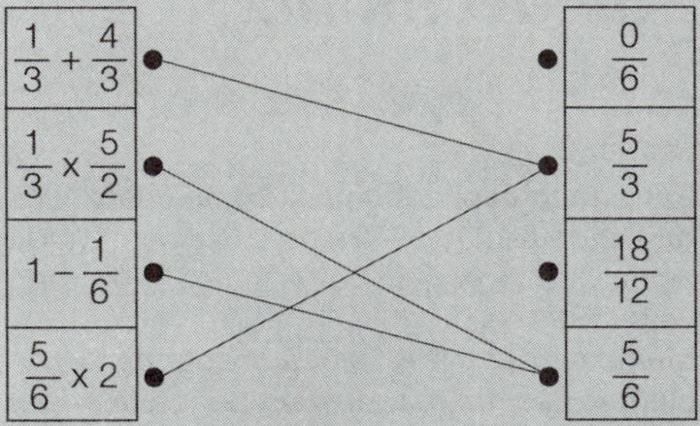

2.

	Vrai	Faux
$\frac{5}{3} \times \frac{2}{3} = \frac{10}{3}$	$\frac{10}{9}$	x
$\frac{3}{7} + 1 = \frac{4}{7}$	$\frac{10}{7}$	x
$\frac{5}{9} + \frac{7}{9} = \frac{12}{18}$	$\frac{12}{9} = \frac{4}{3}$	x

3.

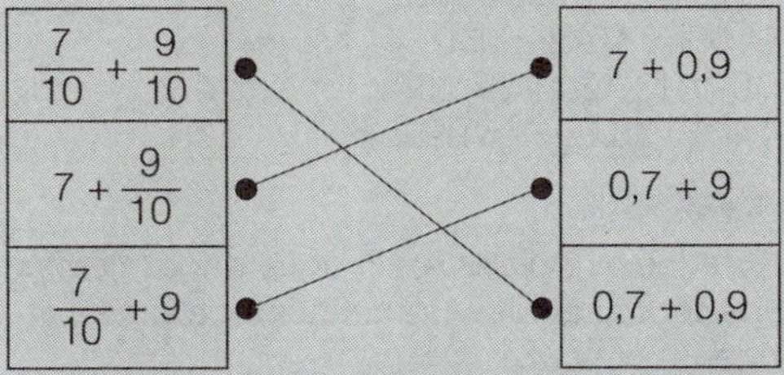

4.

$\frac{3}{5} + \frac{1}{5} = \frac{4}{5}$; $\frac{7}{8} \times 2 = \frac{14}{8}$;

$\frac{1}{2} \times \frac{7}{2} = \frac{7}{4}$; $\frac{4}{10} - \frac{1}{5} = \frac{2}{10}$.

5.

Considérons, comme dans l'exercice 10, 19 sur 200 comme une fraction.

$\frac{19}{200} \times 2\,200 = 209$ et $\frac{1}{5} \times 209 = \frac{209}{5} = 41,8$.

Concluons : les Français dépensent 209 milliards de francs pour les vêtements et 41,8 milliards pour les chaussures.

5 Produit et quotient de décimaux

1.

Par une multiplication par 10, le chiffre des unités devient le chiffre des dizaines. On dit aussi que la virgule est décalée d'un rang vers la droite.
Multiplier par 0,1 revient à diviser par 10, le chiffre des unités devient le chiffre des dixièmes ; on dit aussi que la virgule est décalée d'un rang vers la gauche.

548,9 ; 5,489 ; 64,89.
36,54 ; 3 654 ; 365,3.

2. 4 521 ; 0,4521 ; 145,21.
0,78546 ; 7 854,6 ; 78,556.

3. 3 141,5 ; 0,0031415.
0,052825 ; 52 825.

4. 4,21 ; 119 300 ; 70.
151 500 ; 18,52 ; 250.
1 789,01 ; 12,45 ; 7,33.
14,466 ; 15,09 ; 15,099.

Pour les exercices 5 à 7, vous devez vérifier vos résultats avec la calculatrice puis corriger si besoin.

5.

$$\begin{array}{r} 121{,}05 \\ +\ \ 9{,}55 \\ \hline 130{,}60 \end{array} \qquad \begin{array}{r} 512{,}04 \\ -\ 85{,}7 \\ \hline 426{,}34 \end{array}$$

Respectez bien les colonnes pour additionner et soustraire.

6.

$$\begin{array}{r} 3{,}15 \\ \times\ 8{,}4 \\ \hline 1260 \\ 2520\ \\ \hline 26{,}460 \end{array} \qquad \begin{array}{r} 12{,}3 \\ \times\ 0{,}015 \\ \hline 615 \\ 123\ \\ \hline 0{,}1845 \end{array} \qquad \begin{array}{r} 10{,}02 \\ \times\ 4{,}03 \\ \hline 3006 \\ 4008\ \ \\ \hline 40{,}3806 \end{array}$$

N'oubliez pas la virgule du résultat final. Faites attention aux décalages pour les produits intermédiaires.

7.

$$\begin{array}{r|l} 292{,}1 & 23 \\ \cline{2-2} 62 & 12{,}7 \\ 161 & \\ 00 & \end{array} \qquad \begin{array}{r|l} 72{,}54 & 18 \\ \cline{2-2} 0\ 54 & 4{,}03 \\ 0 & \end{array} \qquad \begin{array}{r|l} 1\ 248{,}18 & 306 \\ \cline{2-2} 024\ 18 & 4{,}07 \\ 2\ 76 & \end{array}$$

8. $\frac{5}{2} \times 2{,}6 = \frac{5 \times 2{,}6}{2} = \frac{13}{2}$.

$3{,}4 \times \frac{2}{4} = \frac{3{,}4 \times 2}{4} = \frac{6{,}8}{4} = \frac{68}{40} = \frac{4 \times 17}{4 \times 10} = \frac{17}{10}$.

$8{,}5 \times \frac{3}{5} = \frac{8{,}5 \times 3}{5} = \frac{25{,}5}{5} = \frac{255}{50} = \frac{5 \times 51}{5 \times 10}$
$= \frac{51}{10}$.

Pour simplifier, il faut trouver un diviseur commun au numérateur et au dénominateur. Pensez à utiliser les critères de divisibilité par 2, 3, 5 et 9.

9. Pour calculer le prix d'un rôti, on multiplie le prix au kg par le nombre de kg : 1,250 pour le premier et 0,850 pour le second.
85 x 1,250 = 106,25.
85 x 0,850 = 72,25.

Le rôti de 1,250 kg coûte 106,25 F et celui de 850 g coûte 72,25 F.

10. Pour calculer le prix par kg, on divise le prix payé par le nombre de kg.

Cette méthode qui paraît simple si le nombre de kg est un nombre entier, doit être appliquée même si le nombre de kg est un nombre décimal.

13,5 ÷ 0,750 = 18.

Sophie a payé ses fraises 18 F le kg.

11. a) Le prix du sucre a été multiplié par 5,85 donc : 1,20 x 5,85 = 7,02.

Le prix en 1990 d'un kg de sucre est 7,02 F.

b)

Retenez que le nombre ❒ tel que a x ❒ = b est ❒ = $\frac{b}{a}$ = b ÷ a.

On cherche le nombre qui donne 3,30 après multiplication par 0,24. Pour l'obtenir on divise 3,30 par 0,24.
3,30 ÷ 0,24 = 13,75.

■ **Le prix de la baguette de pain a été multiplié par 13,75.**
c) Afin de retrouver le prix de 1960, on divise le prix de 1990 par 4,5 : 12,78 ÷ 4,5 = 2,84.

■ **Le prix en 1960 de la douzaine d'œufs était 2,84 F.**

12. Calculons le nombre de cuillerées, puis le volume de sirop que Raphaël devra avaler lors de son traitement.
2 x 3 x 8 = 48.
48 x 5 = 240.
Raphaël avalera 48 cuillerées de sirop c'est-à-dire 240 mℓ.

■ **Le pharmacien devra proposer deux flacons.**

13. Calculons le nombre de kilocalories contenues dans une baguette de pain.
250 g = 2,5 x 100 g.
250 kcal x 2,5 = 625 kcal.
Maud a mangé un quart de baguette.
$\frac{1}{4}$ x 625 = $\frac{625}{4}$ = 625 ÷ 4 = 156,25.

■ **Maud a ainsi consommé 156,25 kcal.**

test

1. A = d ; B = b ; C = a ; D = c

2. **Faux** car 2,5 x 10 = 25.
Faux car 7,07 ÷ 10 = 0,707.
Faux car 2,34 x 0,1 = 0,234.
Faux car 5,07 ÷ 0,01 = 507.
Vrai 3,14 x 10 = 31,4.
Vrai 5,06 x 0,01 = 0,0506.

Retenez l'effet d'une multiplication ou d'une division par 10 ; 100 ; 1 000 ; 0,1 ; 0,01 ; 0,001… sur un nombre décimal.

3.

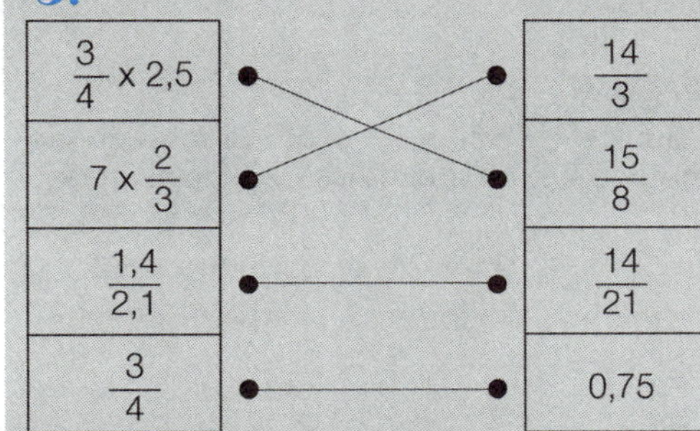

4. a) Le résultat 2,707814 est inférieur à 3,17 donc Roman a multiplié par un nombre inférieur à 1, le premier chiffre de l'écriture décimale de ce nombre est donc 0.
b) Olivier a divisé par 0,001 : pour passer de 205 millièmes (0,205) à 205, on multiplie par 1 000.

5. En une minute l'athlète parcourt $\frac{1,5}{4}$ km c'est-à-dire 0,375 km. En 15 minutes, il pourrait parcourir 15 x 0,375 = 5,625 km.

6 Comparaison de décimaux…

1.

Il y a deux méthodes pour comparer les décimaux : décimale par décimale ou en écrivant le même nombre de décimales. Pour cet exercice on a utilisé la première méthode et on a écrit en caractère gras la décimale qui a permis de conclure.

4,5 < **5**,2   3,**5**6 > 3,**4**   6,**8**7 < 6,**9**98
5,**6** < 5,**7**5   5,**7**8 < 5,**8**   8,4**5** > 8,4**0**5

2.

Pour cet exercice on a choisi la seconde méthode et on a écrit les décimales utiles.

7,8 < 8,7   9 > 8,75   5,48 < 5,7**0**
5,7 < 5,9   5,9**0** > 5,11   12,36 > 12,2**0**

3.

Convertissez les longueurs dans la même unité, par exemple la plus petite.

3,5 m = 350 cm et 350 cm > 305 cm
12,57 cm = 125,7 mm et 125,7 mm > 1,25 mm
3,5 m = 3 500 mm et 3 500 mm > 3 250 mm
0,005 m = 5 mm et 5 mm > 0,5 mm.

4.

Pour convertir des heures en minutes, on multiplie par 60 ; de même pour convertir des minutes en secondes.

2 h 30 min = 120 min + 30 min = 150 min.
0,3 h = 0,3 x 60 min = 18 min
donc 0,3 h < 25 min
1,2 min = 1,2 x 60 s = 72 s
donc 1,2 min < 85 s
76,32 min = 4 579,2 s
donc 76,32 min > 4 578,6 s.

5.

Voici des exemples de réponses possibles, ce ne sont bien sûr pas les seules.

5 <	**6**	< 7
5,2 <	**5,3**	< 5,4
5,2 <	**5,25**	< 5,3
4,5**0** <	**4,54**	< 4,55
8,3**00** <	**8,305**	< 8,310

6.

Voici des exemples de réponses possibles, ce ne sont bien sûr pas les seules.

Conditions	Exemple
7,2 < ❒ < 7,25	**❒ = 7,23**
❒ > 3,33 et ❒ < 3,34	**❒ = 3,335**
❒ < 2,75 et ❒ > 2,76	**impossible**
❒ < 3 et ❒ > 2,9	**❒ = 2,91**

7.

Pour écrire dans l'ordre croissant ou décroissant une liste de nombre, soulignez un par un les nombres recopiés afin de ne pas en oublier.

5,05 < 5,13 < 5,182 < 5,3 < 5,65 < 5,7.

8.

0,001 < 0,01 < 0,025 < 0,045 < 0,1 < 0,25.

9.

Encadrez au centième, c'est trouver les deux nombres décimaux, à deux chiffres après la virgule, qui sont inférieur, pour le premier et supérieur, pour le deuxième, au nombre à encadrer.

6,45 < 6,45654 < 6,46 ;

$19 \div 17 \approx 1{,}11764$ donc $1{,}11 < \frac{19}{17} < 1{,}12$;

$\pi \approx 3{,}14159$ donc $3{,}14 < \pi < 3{,}15$.

10. Pour le rectangle, *aire* = *longueur* x *largeur*
donc 60 = *longueur* x 7,3
donc *longueur* = 60 ÷ 7,3 ≈ 8,2191.

Le rectangle a pour longueur 8,21 m à un cm près par défaut.

Pour le cercle, $P = 2 \times \pi \times r$
donc $25 = 2 \times \pi \times r$
donc $r = 25 \div (2 \times \pi) \approx 3{,}97887$.

Le cercle a pour rayon 3,97 m à un cm par défaut.

Pour le triangle, *aire* = (*base* x *hauteur*) ÷ 2
donc 7 = (3,5 x *base*) ÷ 2
donc *base* = 14 ÷ 3,5 = 4.

Le triangle a pour hauteur 4,00 m.

Pour le carré, $P = 4 \times c$
donc $4{,}15 = 4 \times c$
donc $c = 4{,}15 \div 4 = 1{,}0375$.

Le carré a pour côté 1,03 m à un cm par défaut.

11. 600 000 000 000 ÷ 57 000 000
= 600 000 ÷ 57 ≈ 10 526,315.

La dépense moyenne par Français pour la santé en 1992 était de 10 530 F à 10 F près par excès.

12. La dépense totale pour l'automobile était en 1989 de 149,288 + 290,756 = 440,044 milliards de F.
440 044 000 000 ÷ 21 100 000
= 440 044 ÷ 21,1 ≈ 20 855,16.

La dépense moyenne par ménage pour l'automobile en 1989 était de 20 860 F à 10 F près par excès.

test

1. 4,15 < 4,5 < 5,05 < 5,1 donc l'ordre : pain, haricots, fromage et lait.

2. En 67-68, plus de 90 % des enfants entre 5 et 13 ans étaient scolarisés.
En 86-87, plus de 90 % des enfants entre 3 et 15 ans étaient scolarisés.

3.

☐	7,84	ou	7,9	☒
☐	3,4	ou	3,55	☒
☐	0,33	ou	$\frac{1}{3}$	☒
☒	8,9	ou	8,11	☐

4. a) 22,7 ÷ 2 = 11,35 donc *rayon* ≈ 11,4 cm.
b) $\pi \times 22{,}7 \approx 71{,}314$ donc *périmètre* ≈ 71,4 cm.
c) $\pi \times 11{,}35^2 \approx 404{,}7078$
donc *aire* ≈ 404,70 cm².

Attention, 1 mm² = 0,01 cm².

5.

troncature à l'unité	3
arrondi au centième	3,14
au dixième par défaut	3,1
au dixième par excès	3,2

POUR VÉRIFIER ET POUR APPROFONDIR

7 *Équations, résolution de problèmes*

Remarque sur les équations : on peut vérifier que le résultat obtenu est bien la solution. Remplacez l'inconnue par le résultat dans l'équation, constatez que l'égalité est juste.

1. ❐ = 24 – 17 = 7.
Vérification : 7 + 17 = 24.
❐ = 71 – 37 = 34.
❐ = 51,4 – 2,07 = 49,33.
❐ = 103 – 73,56 = 29,44.

2. ❐ = 125 + 18 = 143.

Attention :
214 – ❐ = 104 signifie 214 = ❐ + 104
donc ❐ = 214 – 104 = 110.

❐ = 11,37.
❐ = 12,3 – 1,04 = 11,26.

3. ❐ = 84 ÷ 7 = 12.
❐ = 125 ÷ 0,5 = 250.
❐ = 34 ÷ 2,5 = 13,6.
❐ = 3,3 ÷ 2,4 = 1,375.

4. ❐ = 12 x 5 = 60.

Attention :
144 ÷ ❐ = 6 signifie 144 = 6 x ❐
donc ❐ = 144 ÷ 6 = 24.

❐ = 90 x 0,8 = 72.
❐ = 20 ÷ 25 = 0,8.

5. ❐ = 17 – 5 = 12.
28 x ❐ = 37 – 2 = 35 donc ❐ = 35 ÷ 28 = 1,25.
4 x ❐ = 5 + 3 = 8 donc ❐ = 8 ÷ 4 = 2.
❐ + 3 = 3 x 7 = 21 donc ❐ = 21 – 3 = 18.

6.

Pour utiliser une formule, remplacez chaque lettre par sa valeur dès qu'elle est connue.

L = 7,5 et *l* = 4,2 donc *aire* = 7,5 x 4,2 = 31,5.

L'aire du rectangle est 31,5 cm^2.

Périmètre = 2 x (7,5 + 4,2) = 23,4.

Le périmètre du rectangle est 23,4 cm.

7.

La longueur et la largeur doivent être exprimées avec la même unité.

726 mm = 72,6 cm, ainsi on trouve :
aire = 217,8 et *périmètre* = 151,2.

Le rectangle a pour aire 217,8 cm^2 et pour périmètre 151,2 cm.

8.

Le carré est un rectangle dont la longueur et la largeur sont égales.

côté = *périmètre* ÷ 4 = 294 ÷ 4 = 73,5,
aire = *côté* x *côté* = 73,5 x 73,5 = 5 402,25.

Le côté du carré est 73,5 mm, son aire est égale à 5 402,25 mm^2.

9. Le périmètre du terrain de football est :
2 x (110 + 75) = 2 x 185 = 370.
La longueur totale est 3 x 370 = 1 110.

Comme 1 110 m = 1,11 km, on répond : la longueur de la course d'échauffement est de 1,11 km.

10. L'aire du terrain est 110 x 75 = 8 250 m^2. Le jardinier utilise un sac pour 600 m^2 donc il utilise 8 250 ÷ 600 ≈ 14 sacs.

8250 ÷ 600 = 13,75.
On a pris la valeur approchée par excès car le jardinier termine le dernier sac entamé.

Le jardinier utilisera 14 sacs.

11. En utilisant la formule *aire* = *L* x *l* et en posant *L* = □, on obtient 7,8 x □ = 312 donc □ = 312 ÷ 7,8 = 40.

La longueur du rectangle mesure 40 cm.

En utilisant la formule $\mathscr{P}$ = 2 x (*L* + *l*),
on obtient : $\mathscr{P}$ = 2 x (40 + 7,8) = 2 x 47,8
donc $\mathscr{P}$ = 95,6.

Le périmètre du rectangle est : 95,6 cm.

12.

Pour bien comprendre l'énoncé, on peut appeler A, B, C et D les âges d'Armand, de Bernard, de Camille et de Danièle.

On traduit ainsi les données :
1) A = B + 3.
2) C = D + 2.
3) D = 12.
4) D = A – 4.
L'égalité 2) donne : C = 12 + 2 = 14.
Sachant que D = 12, l'égalité 4) donne :
A = D + 4 = 12 + 4 = 16.
L'égalité 1) donne : B = A – 3 et donc
B = 16 – 3 = 13.

Armand, Bernard, Camille et Danièle ont respectivement 16 ans, 13 ans, 14 ans et 12 ans.

13. On note □ le prix d'un litre d'eau.
3 ℓ de *Planta-Bulla* coûtent le même prix que 6 ℓ d'eau donc le prix payé est :
44 = (4 x □) + (6 x □) ;
44 = 10 x □ ;
□ = 44 ÷ 10 = 4,4.

Le litre d'eau coûte 4,40 F.

Le litre de *Planta-Bulla* coûte 8,80 F.

14. 4 – 1– 1,2 = 1,8.

La longueur du passage est : 1,8 m.

3 x 4 = 12.

L'aire du coin-repas est : 12 m^2.

24 ÷ 4 = 6.

La longueur du séjour est : 6 m.

test

1.

Attention : il faut calculer en priorité les opérations posées entre parenthèses.

La solution de l'équation
(5 x □) + 3 = 2 x (□ + 6)
est 3 car avec □ = 3 on a :
(5 x □) + 3 = (5 x 3) + 3 = 15 + 3 = 18 ;
2 x (□ + 6) = 2 x (3 + 6) = 2 x 9 = 18.

2.

□ + □ = 5	4
□ + 5 = 8	2,5
27 ÷ □ = 9	3
7 x □ = 28	4,5

3. Le rectangle intrus est **c** :
son aire est 40 x 20 = 800.

4. Associez son périmètre à chaque rectangle :
a → 34 ; **b** → 38 ; **c** → 120 ; **d** → 53.

Le rectangle a a le plus petit périmètre.

Remarquez bien que deux rectangles peuvent avoir la même aire sans avoir le même périmètre…

5. Quels sont les nombres compris entre 5 et 127 qui s'écrivent avec <u>un</u> 5 ? Tous ceux qui se terminent par 5 : 5, 15, 25… 125 sauf 55 qui s'écrit avec deux 5 (il y en a 12) et tous ceux qui commencent par 5 : 50, 51, 52… 59 sauf 55 (il y en a 9). Il y a au total 21 nombres qui s'écrivent avec <u>un</u> 5.
Le seul nombre compris entre 5 et 127 qui s'écrit avec <u>deux</u> 5 est 55.
Il en a fallu au total 21 + 2 = 23.

On a utilisé 23 fois le chiffre 5 pour numéroter les pages des ATOUTS.

6. a) 26 + 28 = 54.

54 élèves étaient concernés par la représentation.

b) 1 080 ÷ 4 = 270 ; 1 080 – 270 = 810.

La coopérative a payé 270 F. Il restait 810 F à partager.

c) 810 ÷ 54 = 15.

Chaque élève a payé 15 F.

8 Proportionnalité

1. 5,8 x **1 000** = 5 800
3,14 x **0,01** = 0,0314
70 x **0,0001** = 0,007
82 x **1 000** = 82 000.

2.

Retenez bien que c'est en multipliant a par $\frac{b}{a}$ que l'on obtient b. Si la fraction est un nombre décimal, on l'écrit avec la notation décimale, sinon on garde l'écriture fractionnaire.

$\frac{15}{8} = 1{,}875$ 2,3 $\frac{37}{5} = 7{,}4$

5 $\frac{20}{3}$ $\frac{12}{9} = \frac{4}{3}$

3.

A	*k*	B
18	3	**54**
8	**9**	72
18	**3**	54
0,8	7	5,6
15	**1,2**	18

4.

Un tableau est un tableau de proportionnalité si on passe des valeurs de la première ligne à celles de la seconde ligne en multipliant par le même nombre, c'est ce nombre qu'on appelle alors le coefficient de proportionnalité.

① C'est un tableau de proportionnalité, son coefficient est 2.

② C'est un tableau de proportionnalité, son coefficient est $\frac{7}{3}$ car $\frac{7}{3} \times 3 = 7$;

$\frac{7}{3} \times 12 = \frac{7 \times 12}{3} = 7 \times 4 = 28$; $\frac{7}{3} \times 15 = 35$.

③ Ce n'est pas un tableau de proportionnalité car $5 \times \frac{12}{5} = 12$ et $15 \times \frac{12}{5} = 36 \neq 35$.

④ C'est un tableau de proportionnalité de coefficient $\frac{4}{9}$.

5. Pour 1 m², M. Cadum paierait
1 650 ÷ 6 = 275 F donc pour 2,5 m² il paiera
275 x 2,5 = 687,5 F.
On aurait pu représenter cette situation par un tableau de proportionnalité puisque M. Cadum utilise le même carrelage.

m²	6	2,5
F	1 650	**687,5**

x 275

6.

Il est important de graduer régulièrement, il faut donc bien choisir l'unité quand elle n'est pas indiquée dans l'énoncé.

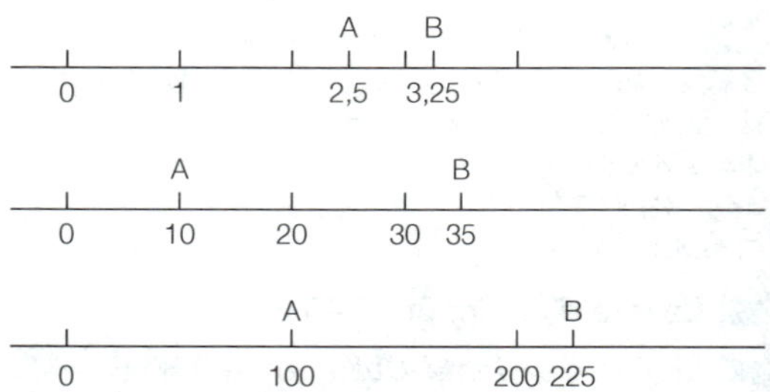

7. Représentons la situation par un tableau de proportionnalité de coefficient 4,5 qui est le prix d'une disquette.

quantité	3	5	2
prix	13,5	22,5	9

x 4,5

Maxime paiera 13,5 F, Alexandre 22,5 F et Raphaël 9 F.

8.

Attention, quand on multipie la longueur réelle par l'échelle on obtient la longueur du plan mais ces deux longueurs sont alors exprimées dans la même unité.

La largeur sur le plan exprimée en mètre est $4{,}20 \times \frac{1}{75} = 4{,}20 \div 75 = 0{,}056$.

■ **La largeur sur le plan est donc 5,6 cm.**

La largeur sur le plan a été calculée en divisant la largeur réelle par 75, on retrouvera donc une longueur réelle en multipliant celle du plan par 75.

La longueur de la cuisine exprimée en cm est $4{,}8 \times 75 = 360$.

■ **La longueur de la cuisine est donc 3,60 m.**

9.

Le prix au kg est un « prix unitaire », on l'obtient en divisant le prix à payer par la quantité achetée.
On calcule le prix à payer en multipliant la quantité achetée par le prix unitaire.
On calcule donc la quantité achetée en divisant le prix à payer par le prix unitaire.

La quantité de rôti est 0,8 kg pour le premier et 0,750 kg pour le second.
Le prix au kg du rôti est $102 \div 0{,}8 = 127{,}50$ F.
Le prix du second rôti est environ 95,60 F car $0{,}75 \times 127{,}50 = 95{,}625$.

On peut trouver ce résultat par un moyen qui vous paraîtra peut-être plus simple.
– On remarque qu'il y a 50 g de différence entre les deux rôtis et l'on cherche à exprimer la différence de prix,
– $800 = 8 \times 100$ donc $800 = 16 \times 50$ et donc le prix de 50 g de rôti est $102 \div 16 = 6{,}375$ F,
– le prix du rôti de 750 g est donc 95,60 F :
$102 - 6{,}375 = 95{,}625 \approx 95{,}60$.

test

1.

Il est important que vous sachiez répondre à cette question car elle est souvent utile au début d'un problème.

a) oui ; b) non ; c) non ; d) non ; e) oui.

2. Une fois que le coefficient de proportionnalité, 6, est trouvé on remplit le tableau en multipliant ou en divisant par 6.

1	4	5	8	**12**
6	24	**30**	**48**	72

3. Sophie doit parcourir 1,5 km et elle met 1 h pour 6 km. $6 \div 1{,}5 = 4$ donc il faut à Sophie un quart d'heure pour parcourir la distance qui la sépare de la gare. Un quart d'heure égale 15 minutes donc en partant à 7 h 55, elle arrivera à 8 h 10, ce qui lui permettra de ne pas manquer son train.

4. $3{,}15 \times \frac{1}{15\,000} = 3{,}15 \div 15\,000 = 0{,}00021$.
La distance sur le plan est donc 21 cm car 0,00021 km = 21 cm.

5.

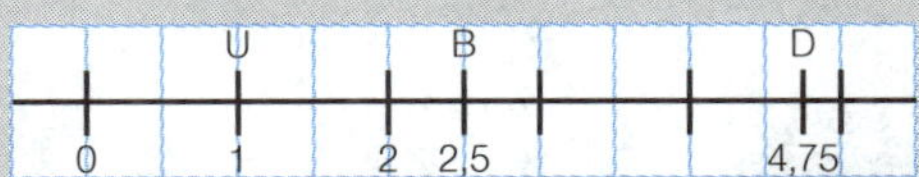

6. Pour calculer la dépense d'Alexandre, il faut calculer le prix de location d'une cassette. Raphaël a payé au total 575 F pour 15 cassettes et 200 F d'abonnement. Il a donc payé 375 F pour les cassettes, ce qui représente $375 \div 15 = 25$ F par cassette.

■ **Alexandre a payé 200 + 25 x 25 = 825 F.**

9 Nombres relatifs

1. Les négatifs sont : – 3 ; – 9 ; 0 ; – 1,24 ; – 0,5.
Les entiers relatifs sont : – 3 ; + 6 ; – 9 ; 0.
Les positifs qui ne sont pas entiers : 5,2 et + 6,99.

Récapitulons les nombres connus en classe de sixième ;
– les fractions, elles sont positives (on apprend les fractions négatives en classe de quatrième) ;
– les nombres décimaux positifs (ils ont une écriture fractionnaire) et les nombres décimaux négatifs ;
– les nombres entiers positifs ou négatifs (ils sont des nombres décimaux) ;
π qui est le périmètre du cercle de diamètre 1 ou l'aire du disque de rayon 1, ce nombre positif n'a pas d'écriture fractionnaire.

2. L'opposé de + 3,14 est – 3,14
L'opposé de – 4 est + 4
L'opposé de 6,5 est – 6,5
L'opposé de 0 est 0.

0 est le seul nombre égal à son opposé, c'est le seul nombre à la fois positif et négatif.

L'opposé de – 4,35 est + 4,35 ou 4,35.

3.

Retenez que plus un nombre négatif est proche de zéro, plus il est grand.
L'ordre chronologique est l'ordre croissant des dates.

Ordonnons les dates :
– 1 379 < – 1 250 < – 962 < – 776 < – 470 < – 396

■ Voici les événements dans l'ordre chronologique : début du règne d'Aménophis IV, la guerre de Troie, début du règne de Salomon, fondation des Jeux Olympiques, naissance de Socrate, prise de Milan par les Gaulois.

4.
L'unité de longueur mesure 5 carreaux, un carreau mesure 1 ÷ 5 = 0,2 unité de longueur, un demi-carreau mesure 0,1 unité de longueur.
De gauche à droite (dans l'ordre croissant des abscisses) :
M (– 1) ; K (– 0,9) ; J (– 0,6) ; B (– 0,1) ; V (0,2) ; G (0,5) ; A (1,4) ;

5.

Certains élèves qui confondaient l'axe des abscisses et l'axe des ordonnées ont trouvé un moyen mnémotechnique : « L'axe des abscisses est allongé et l'axe des ordonnées est en haut.
A est avant O, on commence par l'abscisse et on termine par l'ordonnée ».

L'unité mesure un carreau sur l'axe des abscisses comme sur l'axe des ordonnées.
De A à J :
A (– 2 ; 3) ; B (– 4 ; – 3) ; C (– 2 ; –1) ; D (0 ; – 2) ; E (2 ; – 3) ; F (3 ; 0) ; G (5 ; – 1) ; H (5 ; 3) ; I (1 ; 0) ; J (0 ; 1).

Remarquez que l'abscisse des points de l'axe des ordonnées est égale à 0 comme l'ordonnée des points de l'axe des abscisses.

6. (1 ; 2) « manqué » ; (2 ; 1,5) « touché » ;
(–1 ; 0,5) « touché » ; (3 ; 0) « manqué » ;
(0 ; – 1) « touché » ; (– 1 ; – 1) « manqué » ;
(2 ; – 1) « manqué » ; (– 1 ; 2) « manqué ».

7.

Pour les calculs, vous pouvez vérifier les résultats à l'aide de la calculatrice, pensez alors à taper le signe du nombre après le nombre.

7	+/–	+	3	=		→	– 4
8	+/–	+	1	2	=	→	4

7 – 3 = 4 ; 8 – 10 = – 2 ; 5 – 9 = – 4 ;
12 – 9 = 3 ; 21 – 30 = – 9.

Remarquez que 10 – 8 = 2 et 8 – 10 = – 2. Cette remarque se généralise à tous les nombres : en changeant l'ordre des deux termes d'une soustraction, on change le signe du résultat. Cette remarque s'écrit aussi : « les différences a – b et b – a sont deux nombres opposés ».

8. – 7 + 3 = – 4 ; – 8 + 12 = + 4 ;
– 5 + 9 = + 4 ;
– 9 + 20 = + 11.

Remarquez que – 7 + 3 = – 4 = 3 – 7. Cette remarque se généralise à tous les nombres : – a + b = b – a.

9. – 3 – 7 = – 10 ; – 1 – 9 = – 10 ;
– 9 – 8 = – 17 ; – 2 – 14 = – 16 ; 0 – 3 = – 3.

Remarquez que – 3 – 7 = – 10 c'est-à-dire que – 3 – 7 = – (3 + 7). Cette remarque se généralise à tous les nombres :
– a – b = – (a + b)

10.

Pour calculer une température moyenne, on additionne les températures et on divise par le nombre de jours.

(– 3) + (– 2) + (– 1) + (+ 2) + (– 2) + 0 + (– 1)
= – 3 – 2 – 1 + 2 – 2 – 1 = – 7.
Il faut diviser – 7 par 7. Vous verrez plus tard une méthode générale pour effectuer ces opérations. Disons, pour cette année de sixième, que la somme des températures aurait aussi été égale à – 7, si, chaque jour, la température avait été égale à – 1.

La température moyenne de la semaine est égale à – 1°C.

test

1. B a pour abscisse – 2 et pour ordonnée + 2.
R a pour abscisse 0 et pour ordonnée – 0,5.
A a pour coordonnées (2 ; 1).
V a pour coordonnées (2 ; – 1,5).
O a pour abscisse 1 et pour ordonnée 0,5.
Le message codé est BRAVO !

2. – 6,25 < – 6,2 < – 3 < – 0,5 < 2,25 < 2,5 < + 5.

3.

	Vrai	Faux
4 et – 5 sont opposés		X
– 3 est un nombre relatif	X	
L'abscisse est un nombre	X	
– 12 est inférieur à – 10	X	

4.
(– 2) + 3 = 1 ; 8 – 18 = – 10
– 19 + 14 = – 5 ; (+ 6) + (+ 5) = 11
– 150 + 5 = – 145 ; (+ 5) – (+ 9) = – 4
– 7 + 23 = 16 ; 18 – (+ 7) = 11
(– 1) + 100 = 99 ; – 600 + 750 = 150.

5.

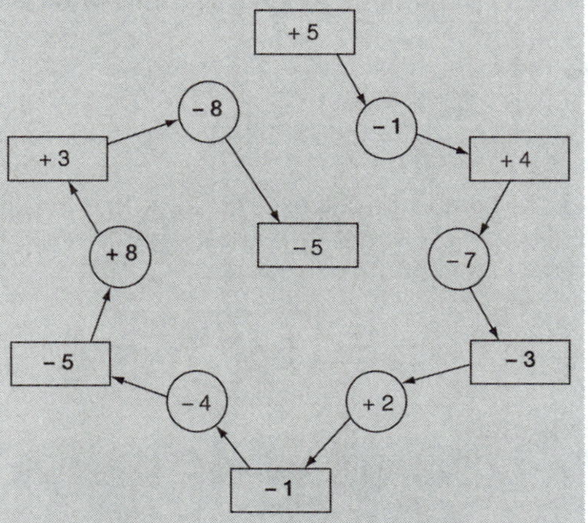

10 Pourcentages et statistiques

Dans les exercices de pourcentage et de proportionnalité, vous trouverez souvent plusieurs méthodes. Regardez-les toutes, pratiquez-en plusieurs, la diversité vous aidera à bien assimiler la notion.

1. Un pourcentage est un rapport, ici l'augmentation est de 9 % c'est-à-dire de 9 F pour 100 F. On vous demande de trouver l'augmentation pour 180 F.

1re méthode

On pose le problème de proportion.

prix	100	180
augmentation	9	**16,20**

(x 0,09)

2e méthode

$9\ \% = \frac{9}{100} = 0{,}09$. On calcule 9 % de 180 :

9 % de 180 = 0,09 x 180 = 16,20.

■ **L'augmentation est de 16,20 F et le nouveau prix est 196,20 F.**

2. *1re méthode*

35 % de 1 150 = 0,35 x 1 150 = 402,5

1 150 – 402,5 = 747,5

■ **Les parents de Kevin paieront 747,50 F**

2e méthode

100 % – 35 % = 65 %.

65 % de 1 150 = 0,65 x 1 150 = 747,50 F.

3. Le nombre de suffrages est 27 + 15 + 3 = 45. Il faut donc calculer le pourcentage correspondant au rapport 27 pour 45.

1re méthode

$\frac{27}{45} = 27 \div 45 = 0{,}6 = 0{,}60 = \frac{60}{100} = 60\ \%.$

Il est important de bien comprendre chaque étape du calcul.

■ **Le président a été élu avec 60 % des voix.**

2e méthode

On pose le problème de proportion

27	**60**
45	100

(x 0,6)

ou

27	**60**
45	100

(x 100/45)

4. Pour trouver 79,4 on a multiplié 343,8 par 23,1 % c'est-à-dire qu'on a calculé :

$343{,}8 \times \frac{23{,}1}{100}$.

En écrivant ce calcul 343,8 ÷ 100 x 23,1 puis 3,438 x 23,1 on trouve une méthode pour remplir le tableau de valeurs : on multiplie successivement 3,438 par le nombre de la seconde colonne.

pays	%	population en millions
Allemagne	23,1	79,4
Espagne	11,3	**38,8**
France	16,3	**56,0**
Italie	16,8	**57,8**
Belgique	2,9	**10,0**

5. En France : 2,5/21 = 2,5 ÷ 21 ≈ 0,12.

Il y a en France environ 12 % de foyers câblés.

En Irlande 0,5/1 = 0,5 ; il y a donc 50 % de foyers câblés.

■ **On ne peut donc pas dire que les Français sont plus câblés que les Irlandais.**

C'est pour décrire cette situation qu'on parle de données absolues (21 contre 0,5) et de données relatives (12 % contre 50 %).

6.

âge en mois	3	6	9	12	15	18
poids en kg	5	7	8	9	10	11
âge en mois	21	24	27	30	33	36
poids en kg	12	12,5	13	13,3	13,6	14

7. Afin de compléter ce graphique, on reporte sur l'axe des ordonnées l'effectif de chaque groupe. L'unité indiquée par le dessin est 1 carreau par personne.
Il faut calculer l'effectif du groupe d'élèves désignés par M : 28 – (10 + 7 + 5) = 6.

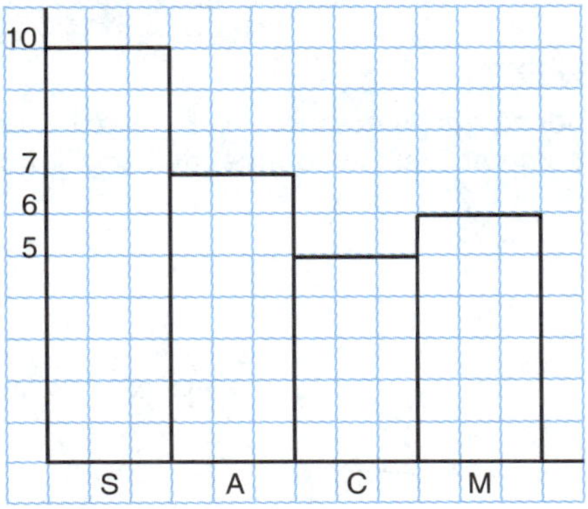

test

1.

Voici les principales méthodes pour répondre à la question : il y en a huit ! À vous de choisir…

Méthode 1
On calcule le montant de la réduction :
12 % de 80 = 0,12 x 80 = 9,6.
On calcule le prix réduit : 80 – 9,6 = 70,4
Maintenant, il coûte 70,40 F.
Méthode 2
On calcule le pourcentage qu'il reste à payer :
100 % – 12 % = 88 %.
On calcule le prix réduit :
88 % de 80 = 0,88 x 80 = 70,4.
On retrouve le prix : 70,40 F.
Méthodes 3 et 4
On peut calculer les pourcentages des méthodes précédentes avec un tableau de proportionnalité :

100	80
12	?

100	80
88	?

Méthodes 5 et 6
On calcule le montant de la réduction pour 1 F et on le multiplie par 80 puis on calcule le prix à payer :
12 ÷ 100 x 80 = 9,6 et 80 – 9,6 = 70,4.
On calcule le nouveau prix pour 1 F et on multiplie ce prix par 80 :
88 ÷ 100 x 80 = 70,4.
Méthodes 7 et 8
On écrit la proportion comme l'égalité de deux fractions et on effectue « les produits en croix ».
Calcul de la réduction :
$\frac{12}{100} = \frac{?}{80}$ donc ? = 12 x 80 ÷ 100 = 9,8.
donc le prix est 80 – 9,8 = 70,4.
Calcul du prix réduit :
$\frac{88}{100} = \frac{?}{80}$ donc ? = 88 x 80 ÷ 100 = 70,4.

2. Le pourcentage en 6^{e}A est 40 % car
12 ÷ 30 = 0,4.
Le pourcentage en 6^{e}B est 40 % car
10 ÷ 25 = 0,4.

Le pourcentage des sportifs est donc le même dans les deux classes.

3. On calcule 21 % de 9,5 :
0,21 x 9,5 = 1,995.

1 995 000 chiens vivent en appartement soit près de 2 millions.

4. Dans la colonne de la population urbaine les données manquantes sont : 12, 18, 22, 34, 38.

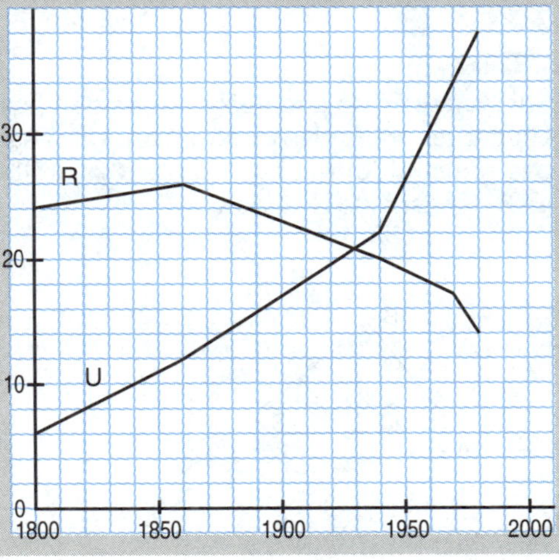

11 *Avec la règle et l'équerre*

1. Si le segment ne tient pas horizontalement, on trace un segment oblique.

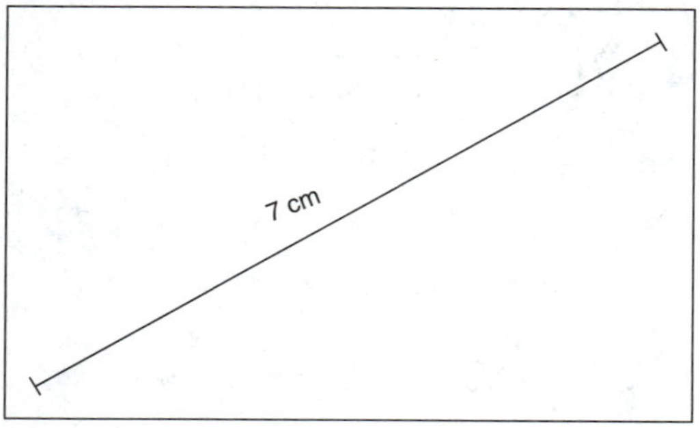

2. La distance de M à chaque extrémité du segment est égale à 2,5 cm.

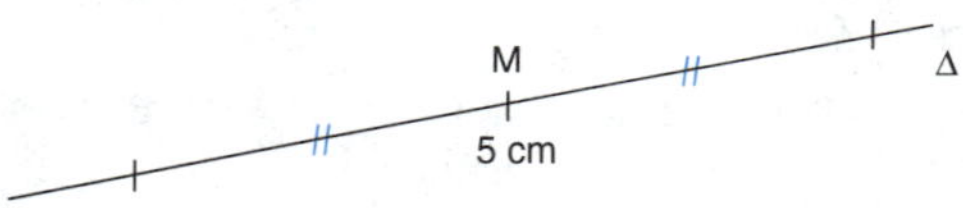

3.

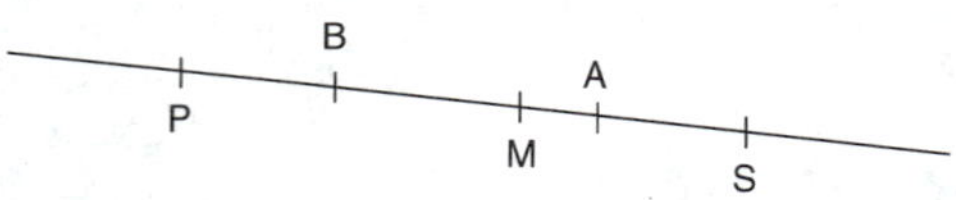

4.

Sur un dessin de géométrie, on ne doit pas effacer les traits de construction. Ce n'est pas grave si le trait représentant la droite (BC) dépasse de B et de C.

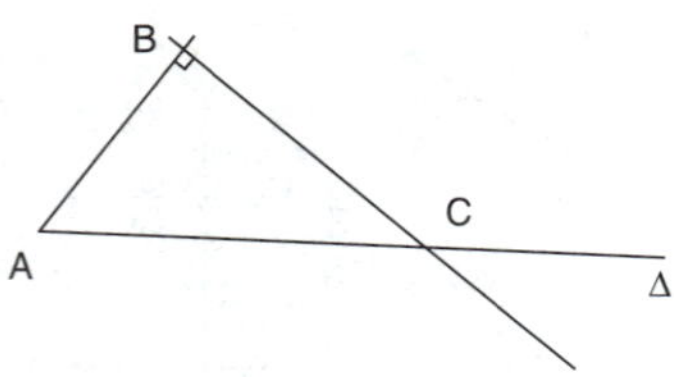

5.

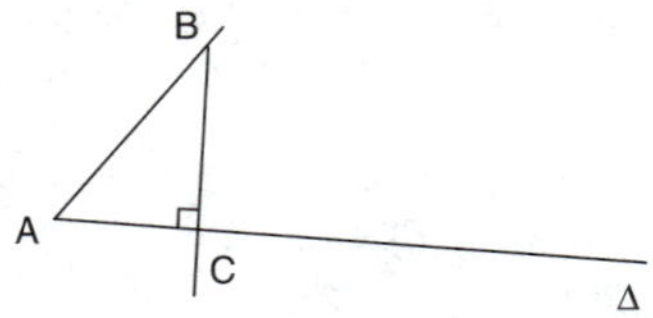

Retenez que « rectangle en P » signifie que le sommet P est le sommet de l'angle droit.

6.

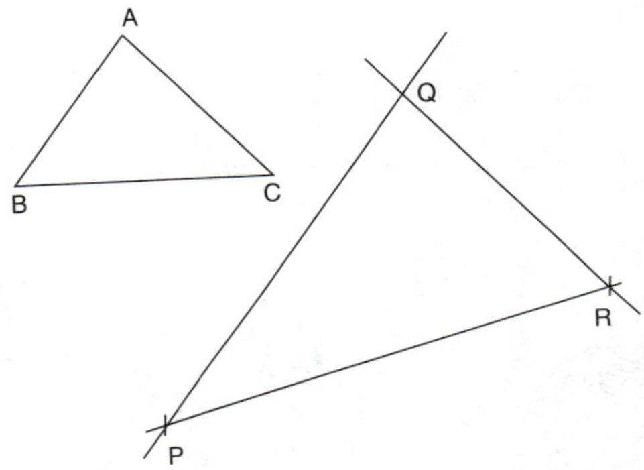

7.

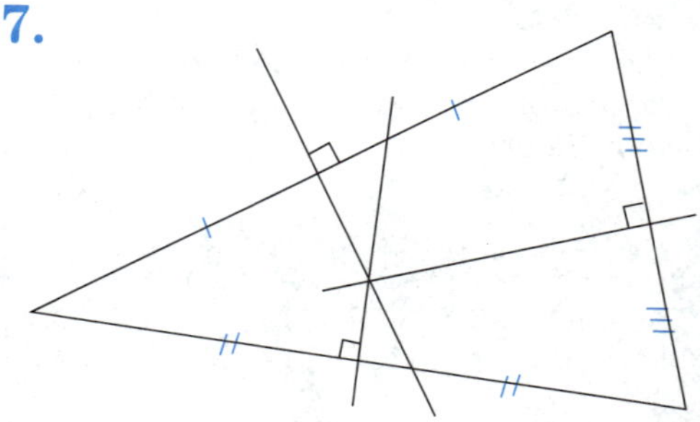

Ces droites s'appellent les médiatrices des côtés du triangle. Remarquez qu'elles se coupent toutes les trois en un même point.

8. Une fois que les trois côtés du triangle sont mesurés, il faut additionner les trois longueurs pour obtenir le périmètre du triangle.

Retenez que pour additionner des longueurs, elles doivent être exprimées avec la même unité.

Le périmètre du triangle est 15,7 cm.

test

1. Remarquez plusieurs choses :
– deux droites peuvent être perpendiculaires même si elles ne se coupent pas sur la figure, c'est-à-dire même si leurs représentations ne se coupent pas. C'est le cas de (AB) et (PK).
– si une droite Δ est perpendiculaire à une droite Δ' alors la droite Δ' est perpendiculaire à la droite Δ. Ainsi (AB) est reliée à (PK) et (PK) est aussi reliée à (AB).

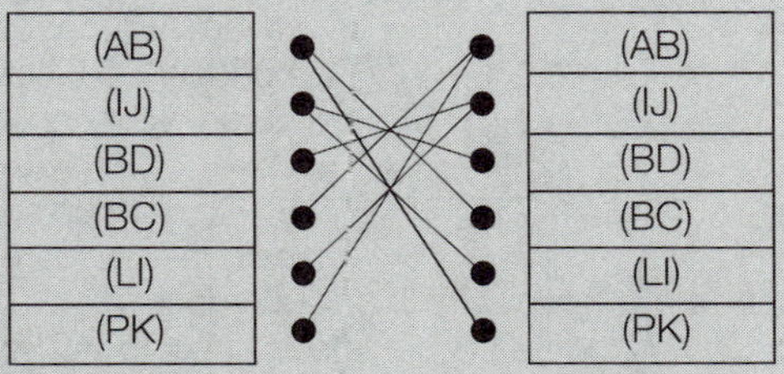

2. Remarquez (mais n'enlevez pas de point si vous ne l'avez pas fait) qu'il faut relier (AB) et (AB) car (AB) // (AB).
Remarquez aussi comment les droites reliées forment des « paquets » indépendants contrairement à ce qu'on avait à l'exercice précédent. Cela correspond à ce qu'on appelle la *direction* : toutes les droites parallèles entre elles ont la même direction.

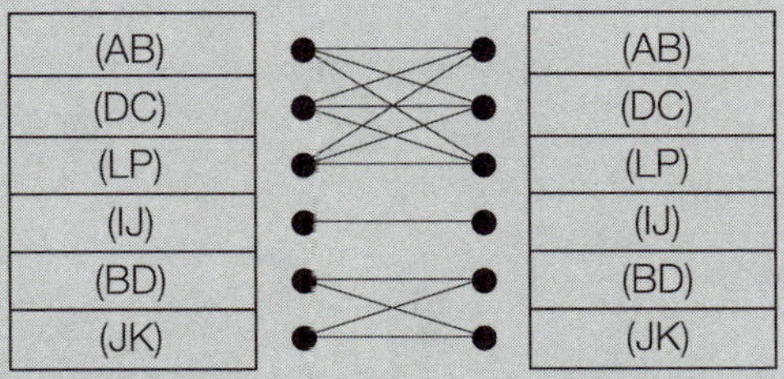

Retenez que si Δ est une droite alors Δ // Δ.

3.

	Vrai	Faux
J est le milieu de [BC]		X
R est le milieu de [LK]	X	
(AB) et (JL) sont sécantes	X	
(IR) ⊥ (KC)	X	
(LR) et (IK) se coupent en K	X	

Retenez bien la différence entre l'objet géométrique et sa représentation. Une droite est illimitée, sa représentation est limitée

4.

Pour tracer la perpendiculaire à une droite donnée passant par un point donné, il peut être utile de « prolonger » la représentation de la droite.

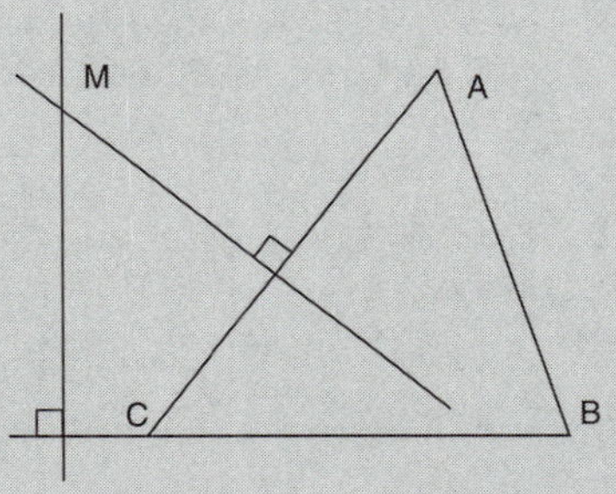

Après une construction, n'oubliez pas de coder la figure. On peut coder les angles droits, les longueurs égales et les angles égaux.

5.

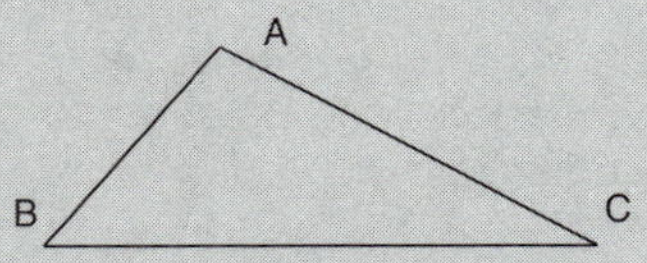

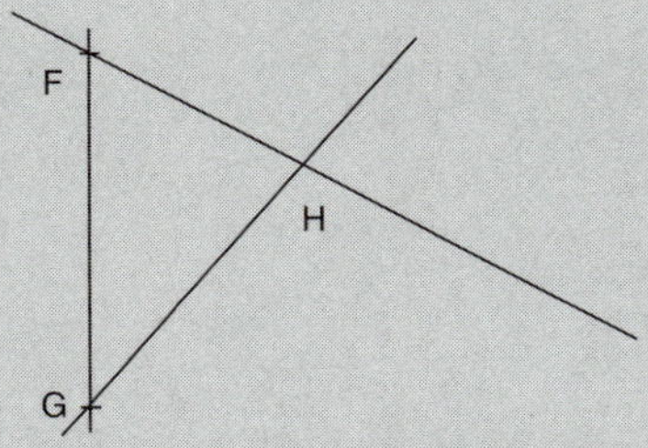

12 Avec la règle et le compas

1. Attention, il ne faut pas faire tourner la règle autour du point A mais utiliser le compas.

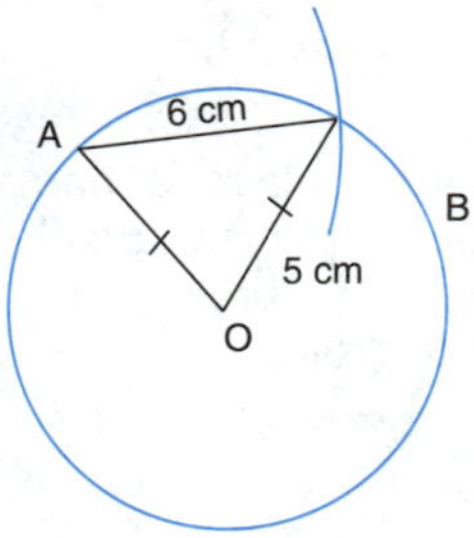

Le triangle OAB est isocèle en O car les deux côtés [OA] et [OB] sont deux rayons donc ils ont la même longueur. Ce triangle n'est pas équilatéral puisque OA ≠ AB.

5 + 5 + 6 = 16 donc le périmètre du triangle est égal à 16 cm.

2. IL = IB signifie que L est sur le cercle de centre I et de rayon IB.

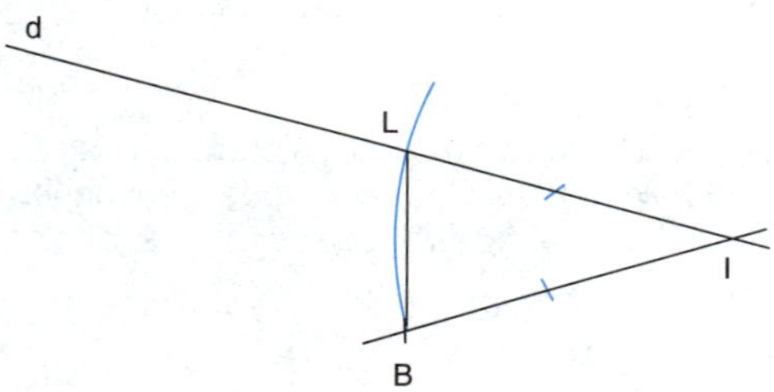

3. BI = BL signifie que L est sur le cercle de centre B et de rayon BI.

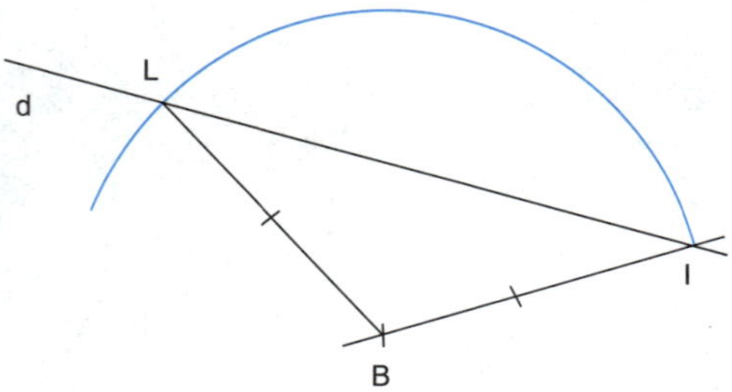

4. Pour reproduire le triangle sans utiliser les graduations de la règle, vous pouvez :

• tracer un segment horizontal et à l'aide du compas fixer les extrémités du côté horizontal du triangle,

• tracer deux cercles ayant pour centres les extrémités du segment et pour rayon les côtés obliques du triangle.

5.

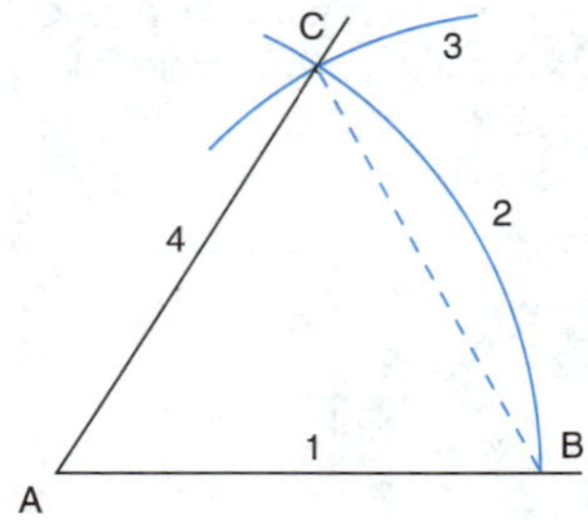

1) On trace le côté horizontal [AB].

2) On trace un arc de cercle de centre A et de rayon AB, correspondant à celui qu'on veut reproduire.

3) On marque son extrémité en reportant la longueur BC de la corde [BC].

4) On termine en traçant le second côté [AC] de l'angle.

6.

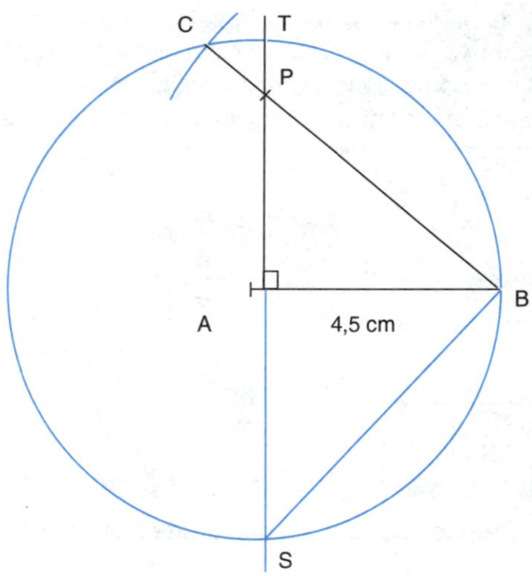

7. Tracez un cercle de centre O et de rayon 1,6 cm, tracez horizontalement un diamètre [AB] de ce cercle, tracez enfin le cercle de diamètre [AO] et le cercle de diamètre [BO].

8. L'aire de la partie en gazon est environ 101 m²:
$\pi \times 8 \times 8 - 2 \times \pi \times 4 \times 4 \approx 101$.
Son périmètre est environ 101 m ;
$2 \times \pi \times 8 + 2 \times 2 \times \pi \times 4 \approx 101$.

test

1.

M est sur le cercle de centre O et de rayon 5 cm.	X
O est sur le cercle de centre M et de rayon 5 cm.	X
[OM] est un diamètre d'un cercle de 5 cm de rayon.	
[OM] est un rayon d'un cercle de 5 cm de rayon.	X
La distance en cm de M à O est 5.	X
La longueur du segment [OM] est 5 cm.	X
Le segment [OM] mesure 5 cm.	X
[OM] est un rayon du cercle de centre O et de rayon 5 cm.	X

Dans la phrase qui n'est pas cochée, OM = 10 cm.

2.

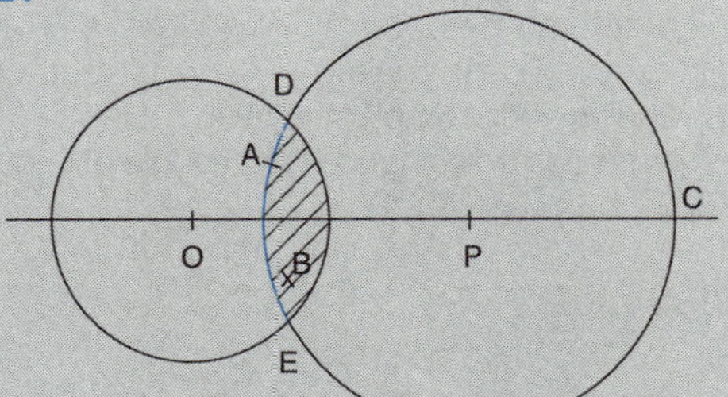

On pouvait placer A partout sur l'arc en couleur $\overset{\frown}{DE}$, B partout sur la zone hachurée ; il n'y avait qu'une possibilité pour C ; D et E pouvaient être échangés.

3. Il fallait reporter les longueurs des trois côtés du triangle sur la droite **d** à partir du point A.

Remarquez que l'ordre n'est pas important, il faut, en revanche, ne pas reporter deux fois le même côté, ni faire chevaucher les longueurs reportées.

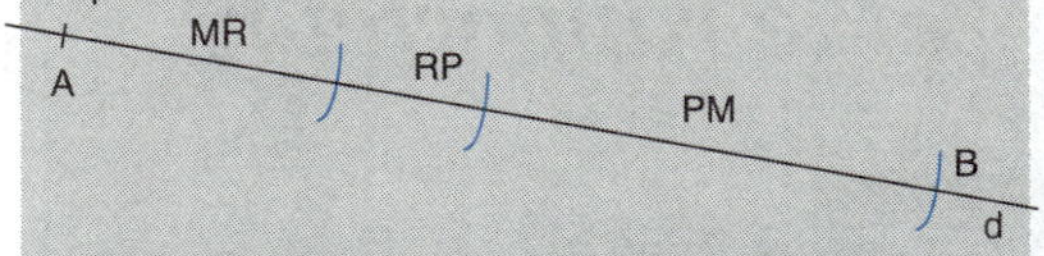

4. Dans cet exercice, il ne faut pas se contenter de faire tourner sa règle autour de M puis autour de P. C'est avec le compas que ces points devaient être construits :

- MP = 6 cm signifie P est sur le cercle de centre M et de rayon 6 cm (deux positions possibles pour P),
- PR = 4 cm signifie R est sur le cercle de centre P et de rayon 4 cm (deux positions possibles pour R).

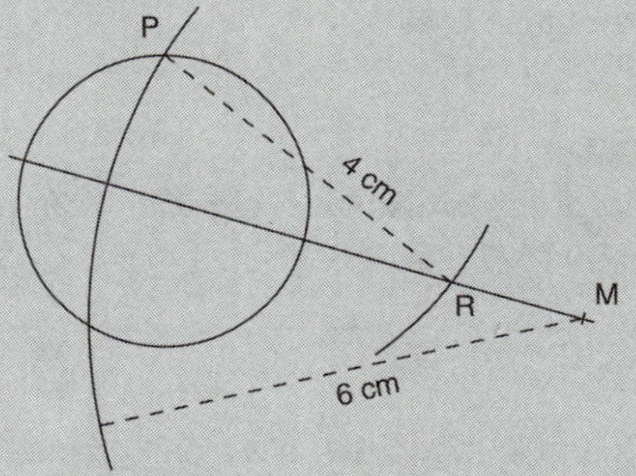

5. On traduit les deux informations de distance en informations sur des lieux géométriques :

- AB = 3,5 cm signifie : « A est sur le cercle de centre B et de rayon 3,5 cm »,
- AC = 4 cm signifie : « A est sur le cercle de centre C et de rayon 4 cm ».

A est donc l'une des intersections des deux cercles.

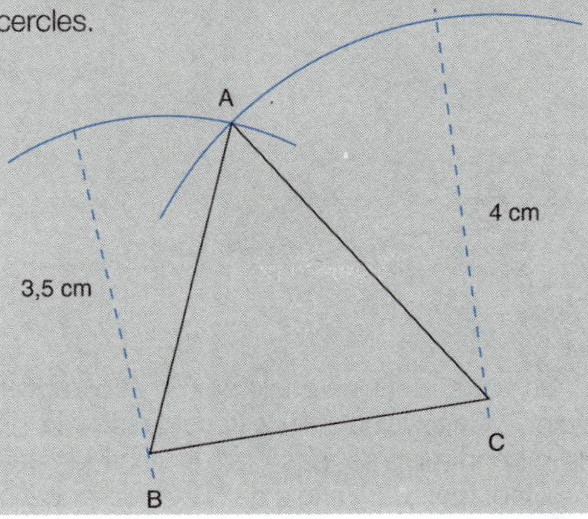

13 Les angles et le rapporteur

1. a)

Les angles rentrants mesurent plus de 180°, les angles saillants mesurent moins de 180°, les angles aigus mesurent moins de 90° et les angles obtus mesurent plus de 90°.

Angles rentrants : $\widehat{F}$ et $\widehat{G}$.
Angles saillants : $\widehat{A}$, $\widehat{B}$, $\widehat{C}$, $\widehat{D}$ et $\widehat{E}$.
Angle droit : $\widehat{B}$.
Angles aigus : $\widehat{A}$ et $\widehat{E}$.
Angles obtus : $\widehat{C}$ et $\widehat{D}$.

b)

« Par ordre croissant » signifie « du plus petit au plus grand ».

$\widehat{E} < \widehat{A} < \widehat{B} < \widehat{C} < \widehat{D} < \widehat{G} < \widehat{F}$.

2. Quand le rapporteur n'est pas gradué dans les deux sens il faut parfois le tenir à l'envers pour mesurer un angle.
De toute façon, placez bien le centre du rapporteur au sommet de l'angle et le zéro sur un des côtés.

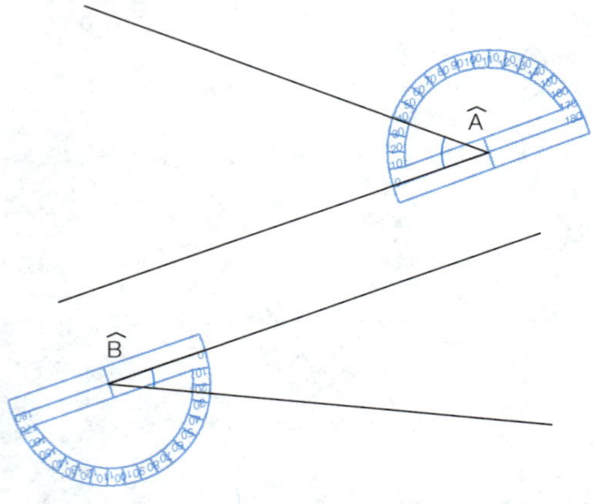

3. On trace, en R, un angle de 60° et on obtient le point T. On termine enfin le tracé du triangle TRI. Si le rapporteur n'est pas gradué dans les deux sens il faut marquer l'angle de 60° à la graduation 120° en plaçant le 180°, au lieu du zéro, sur le côté de l'angle.

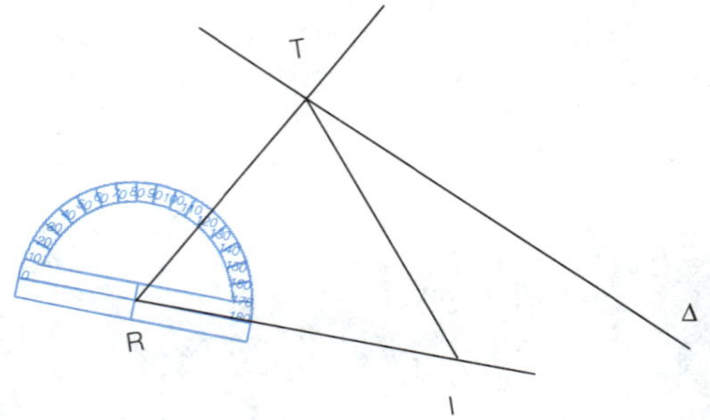

4.

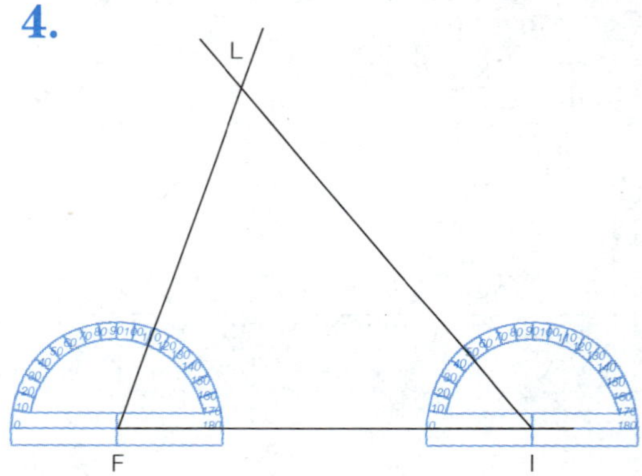

Pour tracer un angle de 70°, il faut, si le rapporteur n'est pas gradué dans les deux sens, lire la graduation 110° après avoir placé le 180°, au lieu du zéro, sur le côté de l'angle.

5. La somme des deux angles aigus d'un triangle rectangle est égale à 90°, on dit que ces deux angles sont complémentaires.
La somme des trois angles d'un triangle est égale à 180°.

6.

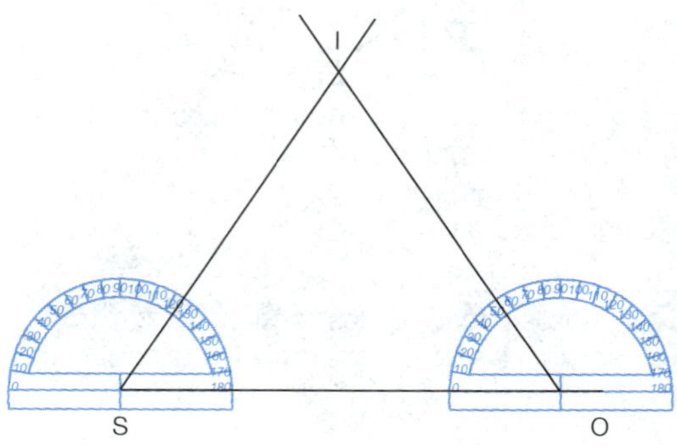

Les segments [IS] et [IO] mesurent entre 5,2 et 5,3 cm. On constate qu'ils semblent égaux.

Après le chapitre consacré au triangle (chapitre 14) on dira : le triangle ISO est isocèle car ses angles à la base sont égaux donc les côtés issus de I ont la même longueur.

En sixième, on ne peut pas calculer la longueur des côtés [IS] et [IO], on le fait en quatrième.

7. Les angles $\widehat{1}$ et $\widehat{3}$ sont opposés par le sommet donc $\widehat{3} = 55°$.
$\widehat{1}$ et $\widehat{2}$ sont supplémentaires donc
$\widehat{2} = 180 - 55 = 125°$.

8. Les angles $\widehat{1}$ et $\widehat{3}$ sont aigus mais les angles $\widehat{2}$ et $\widehat{4}$ sont obtus.
Les angles $\widehat{1}$ et $\widehat{2}$ sont supplémentaires.
Les angles $\widehat{1}$ et $\widehat{3}$ sont opposés par le sommet ainsi que les angles $\widehat{2}$ et $\widehat{4}$.

9.

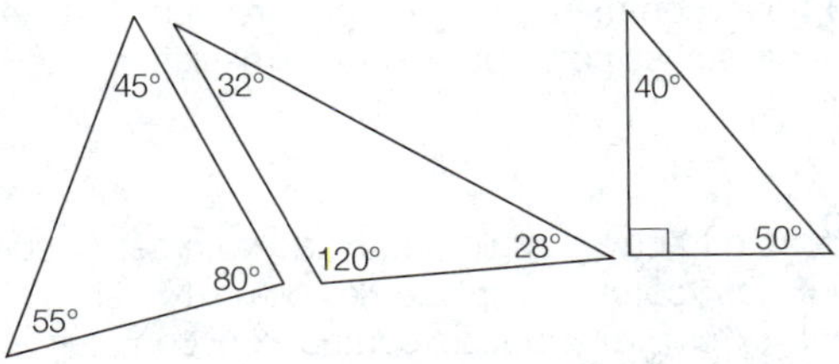

test

1.

angles du polygone POLYG	$\widehat{P}$	$\widehat{O}$	$\widehat{L}$	$\widehat{Y}$	$\widehat{G}$
rentrant					X
saillant	X	X	X	X	
droit	X				
obtus			X		
aigu		X		X	

2. Vrai ; vrai ; faux ; vrai.

À midi et demi, la petite aiguille n'est pas exactement sur le 12. C'est à 6 h que les aiguilles forment un angle plat.

3. À un degré près, on obtient $\widehat{B} = 58°$ et $\widehat{C} = 32°$.

4.

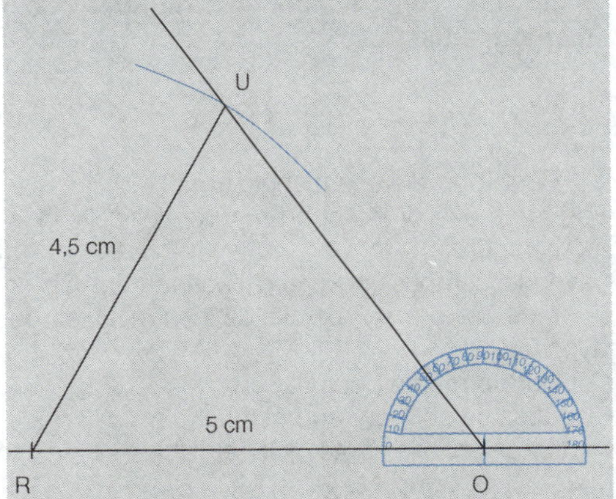

Après avoir tracé [RO], on construit, avec le rapporteur, l'angle en O de 55°. On construit le point U sachant qu'il est sur le côté qu'on vient de tracer et à 4,5 cm de R, c'est-à-dire sur le cercle de centre R et de rayon 4,5 cm. Il ne reste plus qu'à tracer ensuite le côté [RU]. Deux points U sont possibles.

5. La somme des angles en E et U du triangle DUE est égale à 90° donc l'angle en E mesure 30°.
Les angles en E des triangles NOE et DUE sont opposés par le sommet donc ils ont la même mesure : 30°.
La somme des angles en N et O du triangle NOE est 150°. Les angles en N et O étant égaux, ils mesurent tous les deux 75°.

14 Triangles

Quand l'énoncé demande une construction, il faut obtenir avec méthode la figure demandée. Les tracés intermédiaires ne doivent pas être effacés. On les appelle les traits de construction, ils montrent la méthode utilisée.

1. Pour reproduire le triangle LUC :
- on trace une droite et on reporte sur celle-ci le segment [CU],
- avec le compas, on prend l'écartement CL et on trace un arc du cercle de centre C et de rayon CL,
- on fait de même pour UL,
- les arcs se coupent au point L,
- on trace enfin les côtés [CL] et [UL].

2. On commence par [AC].

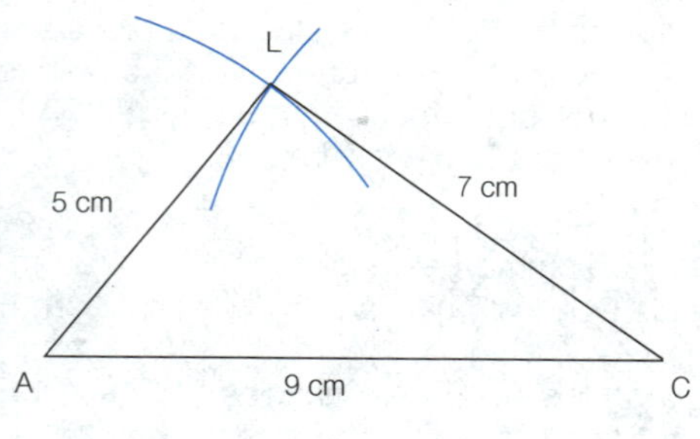

3. On commence par [BC].

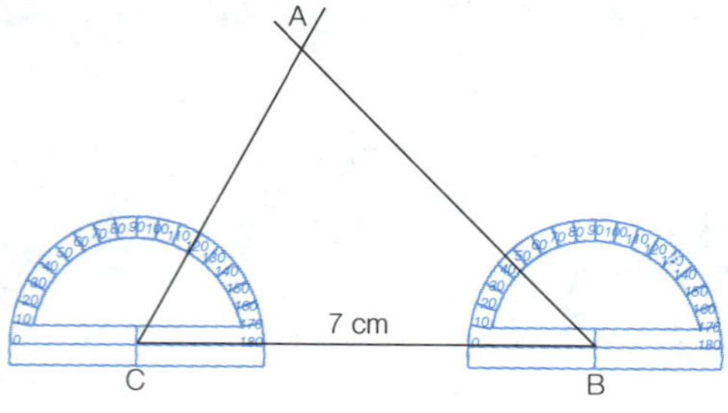

4. On commence par [OI].

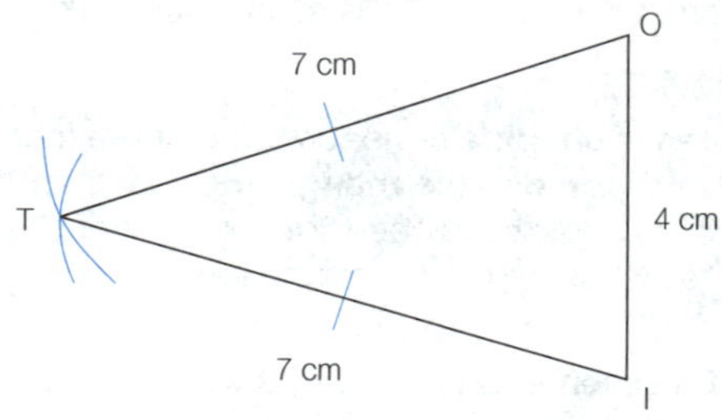

5. On commence par dessiner le segment de 4 cm puis l'angle droit.

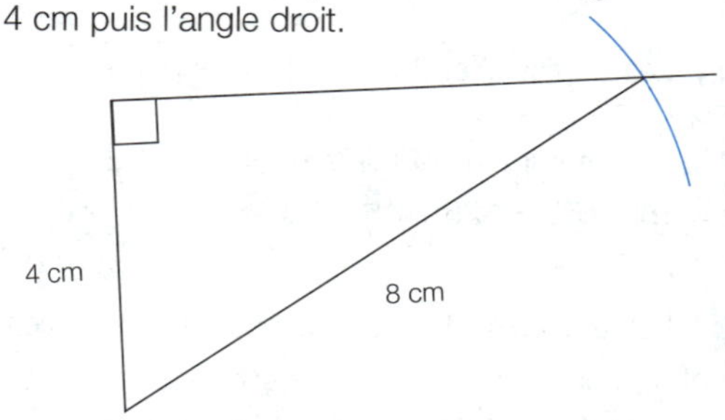

6. On déduit de l'information SAC isocèle en A que AC = AS = 7 cm. Comme AC = 5 cm, la construction est impossible.

7. On commence par l'angle droit en T et on place, sur les côtés perpendiculaires, les points R et I.

8. On trace un angle de 55° de sommet A, sur un des côtés on place le point N tel que AN = 7 cm, à l'aide du compas on construit le point G sur l'autre côté de l'angle et à 8 cm de N, intersection du cercle de centre N et de rayon 8 cm avec la demi-droite.

9. On trace le segment [RI] de 5 cm. On construit à l'aide du compas le sommet O à 5 cm de R et à 5 cm de I.

On peut faire un croquis en y portant les indications de l'énoncé afin de s'aider à comprendre.

10. Les côtés issus du sommet principal O sont égaux : OI = OM ; OM = 54 cm.

11. Les côtés [OA] et [OB] ont même longueur car ce sont des rayons du cercle. Le triangle OAB est donc isocèle en O et donc les angles en A et B sont égaux.

L'angle en A du triangle OAB mesure 47°.

12. $\widehat{A} = 180 - \widehat{B} - \widehat{C} = 180 - 40 - 70 = 70°$.
$\widehat{A} = 70°$ donc $\widehat{A} = \widehat{C}$ et donc le triangle ABC est un triangle isocèle en B.

13. Comme OS = ON, le triangle SON est isocèle en O. Les angles à la base d'un triangle isocèle étant égaux, l'angle en N mesure 60° comme l'angle en S.
Pour calculer l'angle en O on utilise la somme des trois angles d'un triangle :
$\widehat{O} + \widehat{S} + \widehat{N} = 180°$ donc $\widehat{O} = 180 - 60 - 60 = 60°$.

Les trois angles du triangle SON sont égaux donc le triangle est équilatéral.

test

1. Vrai : un triangle à la fois isocèle et rectangle est un « demi-carré ».
Vrai : tous les triangles équilatéraux sont des triangles isocèles car ils ont deux côtés égaux.
Vrai : un triangle rectangle peut avoir un angle de 60°, l'autre angle aigu mesure alors 30°.
Faux : un triangle équilatéral ne peut pas avoir d'angle droit car ses angles sont égaux à 60°.

2.

ABC est équlatéral	$\widehat{A} = 90°$
ABC est rectangle en A	$\widehat{A} = 60°$
ABC est isocèle en B	$\widehat{A} = 45°$
ABC est isocèle -rectangle en C	$\widehat{A} = 30°$

3. On utilise le fait que la somme des angles d'un triangle est égale à 180°.

$\widehat{E} = 60°$ et $\widehat{I} = 30°$	$\widehat{A} = 60°$
$\widehat{E} = 60°$ et $\widehat{I} = 60°$	$\widehat{A} = 40°$
$\widehat{E} = 40°$ et $\widehat{I} = 50°$	$\widehat{A} = 90°$
$\widehat{E} = 70°$ et $\widehat{I} = 70°$	$\widehat{A} = 120°$

4. Construction à l'aide du compas. Reprendre les explications de l'exercice n° 1 de la page précédente.

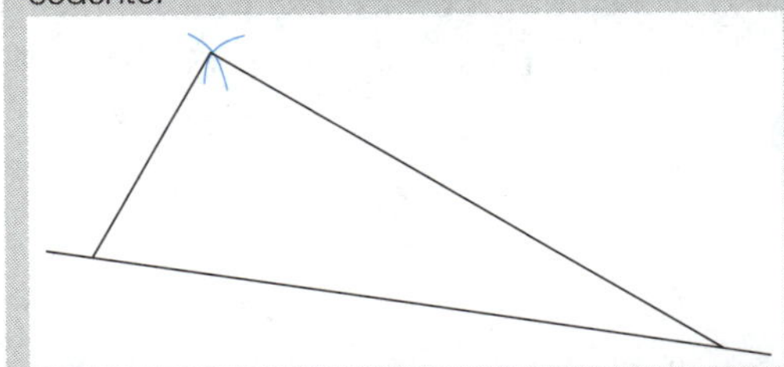

5. On commence par tracer [BE], on construit L à l'aide du rapporteur, on trace la demi-droite [EU) à l'aide du rapporteur et on construit le point U sur cette demi-droite à l'aide du compas.

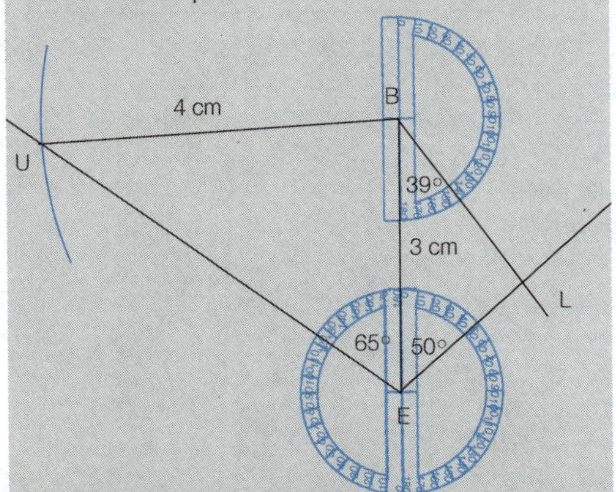

Les angles $\widehat{UEB}$ et $\widehat{BEL}$ sont adjacents, on en déduit que l'angle $\widehat{UEL}$ mesure 115° car 65 + 50 = 115.
L'angle $\widehat{BLE}$ mesure 95° car la somme des angles du triangle BLE est égale à 180° et 180 – 50 – 35 = 95.

POUR VÉRIFIER ET POUR APPROFONDIR

15 *Quadrilatères*

1. On trace une droite sur laquelle, à l'aide du compas, on marque les points A et U. On complète ensuite en traçant les arcs de cercles qui correspondent aux longueurs des autres côtés afin de construire les points D et Q.

2.

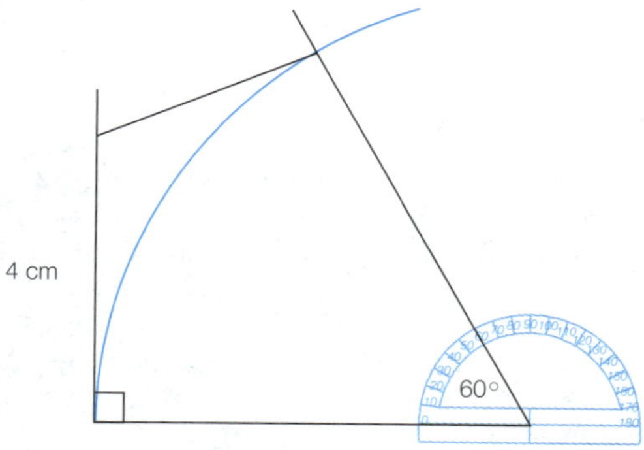

3. On commence par tracer le segment en pointillés.

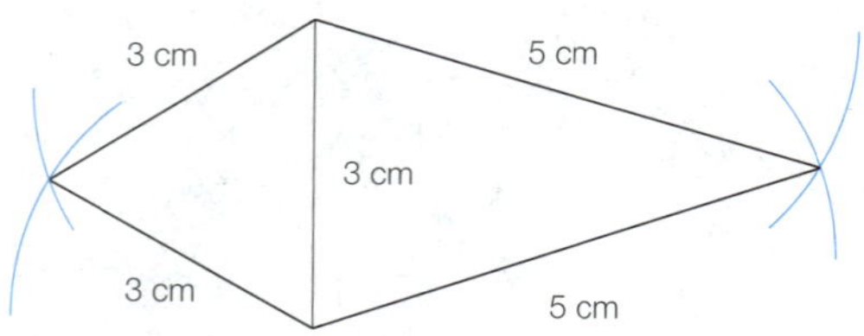

4.

Attention, utilisez le nom du quadrilatère pour repérer les côtés et les diagonales. Une confusion peut coûter cher...

D'après le nom ABCD, on sait que [AC] est une diagonale et que [BC] est un côté. On trace donc la perpendiculaire à d issue de A puis on complète pour obtenir le point D.

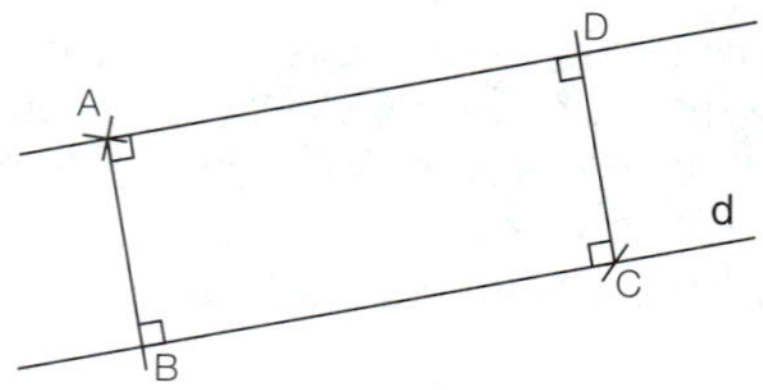

5. On commence par tracer la diagonale [ET] de 3,5 cm puis on construit les sommets V et R à l'aide du compas en utilisant l'information VE = 4 cm et l'égalité des longueurs des côtés du losange.

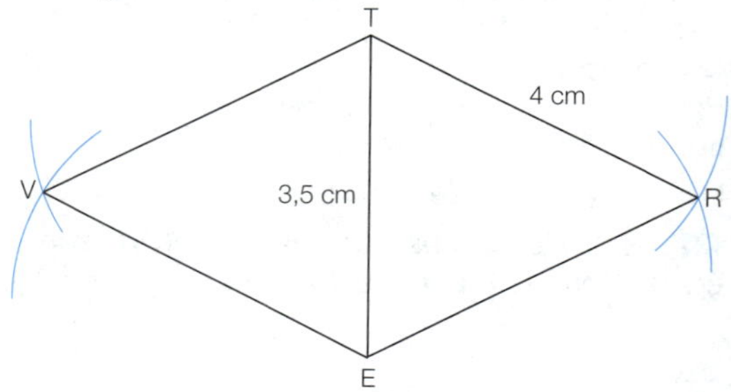

6. D'après le nom ABCD, on sait que [AD] est un côté du rectangle, il suffit donc de tracer le côté [AB] perpendiculairement à (AD) puis de compléter.

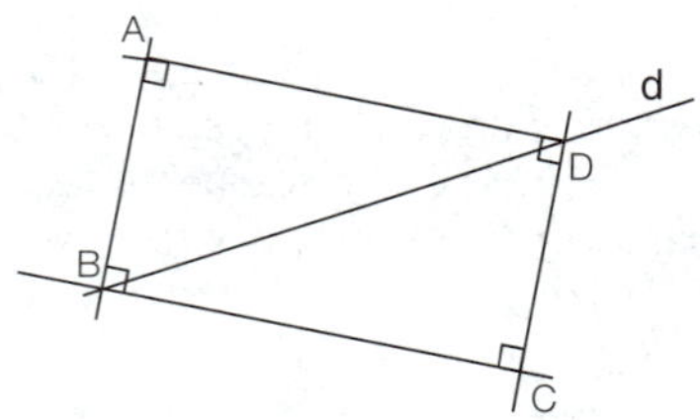

7. [AB] est un côté ; [BC] est un côté ; [AC] est une diagonale ; A et B sont deux sommets consécutifs ; B et D sont deux sommets opposés ; D et C sont deux sommets consécutifs ; [AB] et [BC] sont deux côtés consécutifs ; [BC] et [AD] sont deux côtés opposés.

8.

On peut faire un croquis mais après il faut utiliser les propriétés de la figure souhaitée pour trouver une méthode qui conduise à la construction demandée.

Il faut tracer les diagonales, elles sont perpendiculaires et se coupent en leur milieu. On en trace une, celle de 7 cm par exemple puis, passant par son milieu, on trace une perpendiculaire et, à 2,5 cm du milieu, on place sur cette perpendiculaire les extrémités de l'autre diagonale. On trace enfin les quatre côtés du losange.

9. On trace la largeur de 4 cm puis on construit à l'aide du compas le point d'intersection des deux diagonales : il est situé à 3,5 cm de chaque extrémité de la largeur tracée. On trace ensuite les deux diagonales puis on complète par les trois côtés restants.

10. On trace une diagonale de 6 cm puis, passant par son milieu, on trace une perpendiculaire. À 3 cm du milieu, on place les extrémités de l'autre diagonale sur la perpendiculaire puis on trace les quatre côtés du carré.

11.

Mesurer et calculer sont deux façons différentes de déterminer la mesure d'un angle, respectez la consigne !

On fait un croquis et on trouve :
$\widehat{BOU}$ et $\widehat{BOL}$ sont supplémentaires donc
$\widehat{BOU} = 180 - 115 = 65°$.
$\widehat{UOE}$ et $\widehat{BOL}$ sont opposés par le sommet donc
$\widehat{UOE} = 115°$.
La somme des angles d'un triangle étant égale à 180° et le triangle $\widehat{BOL}$ étant isocèle, on trouve
$\widehat{BLO} = (180 - 115) \div 2 = 32{,}5°$.
$\widehat{BLO} + \widehat{OLE} = 90°$ donc $\widehat{OLE} = 57{,}5°$.

12. Le quadrilatère CHAT est un losange car chacun des quatre côtés est la diagonale d'un rectangle dont les côtés de l'angle droit mesurent 3 cm et 4 cm.

test

1.

	un côté	une diagonale
[AQ] est …		X
[DA] est …	X	
[UD] est …		X
[UA] est …	X	

2.

	opposés	consécutifs
[AD] et [UQ] sont …	X	
[DA] et [QD] sont …		X
[UA] et [DQ] sont …	X	
[UQ] et [AU] sont …		X

3.

	rectangle	losange	carré
côté opposés parallèles	X	X	X
diagonales perpendiculaires		X	X
côtés consécutifs perpendiculaires	X		X
diagonales de même longueur	X		X

4. $\widehat{BDC} = 20°$; $\widehat{DCB} = 90°$; $\widehat{DBC} = 70°$; $\widehat{ABD} = 20°$.

5.

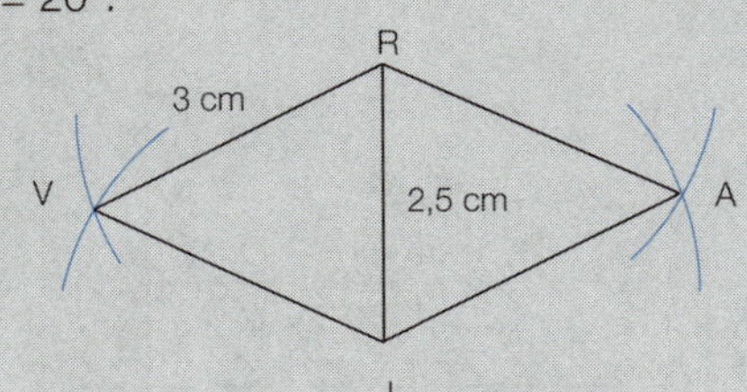

6.

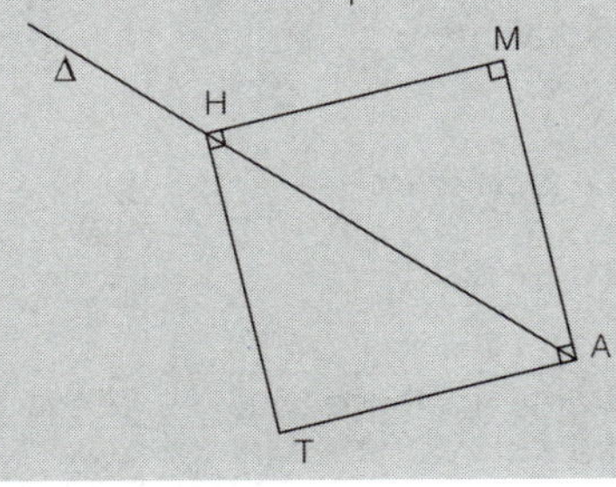

16 Périmètres et aires

1.

Ne confondez pas l'aire et le périmètre d'une figure : le périmètre est « la longueur du tour de la figure » et l'aire mesure « l'intérieur de la figure ».

• Pour calculer le périmètre on calcule la longueur des deux côtés manquants.

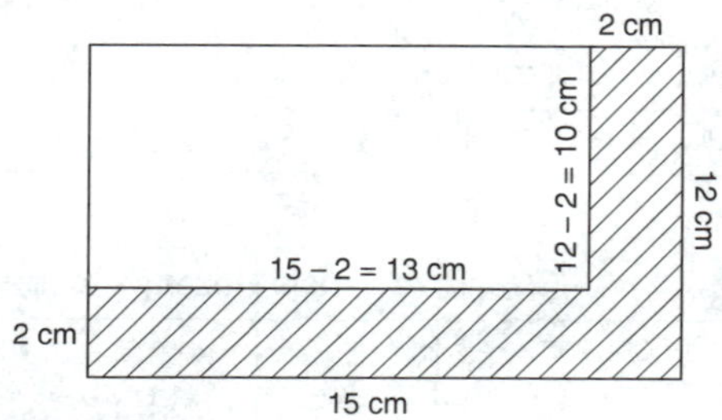

On obtient alors :
$\mathscr{P} = 12 + 15 + 2 + 13 + 10 + 2$
$\mathscr{P} = 54$ cm.

• Pour calculer l'aire on peut penser à deux méthodes : le calcul direct ou le calcul de la différence entre le rectangle de dimensions L et ℓ et celui de dimensions 13 et 10.

Calcul direct.
On coupe la figure en deux rectangles :

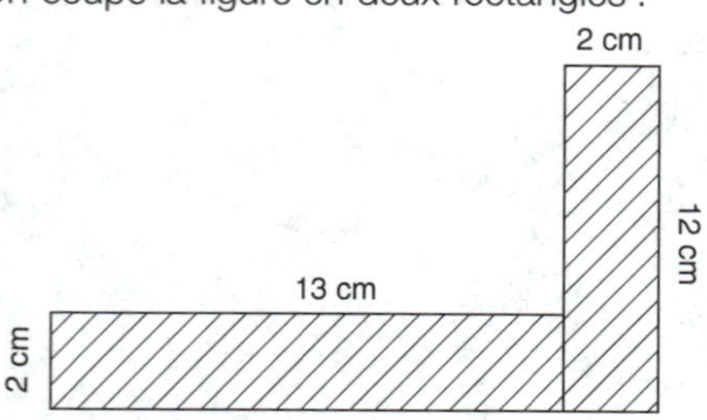

on obtient alors :
$\mathscr{A} = 2 \times 13 + 2 \times 12 = 26 + 24$
$\mathscr{A} = 50$ cm^2.

Calcul de la différence.
$\mathscr{A} = 15 \times 12 - 13 \times 10 = 180 - 130$
$\mathscr{A} = 50$ cm^2.

2.

• Même méthode que ci-dessus pour le périmètre.

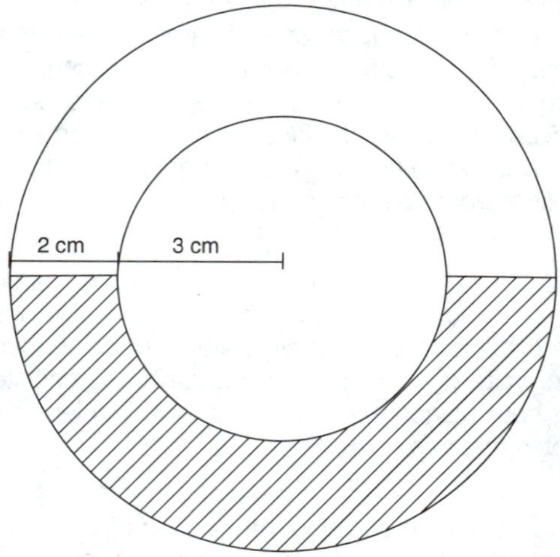

Le périmètre est la somme du demi-périmètre du grand cercle de rayon 5, du demi-périmètre du petit cercle de rayon 3 et des deux longueurs des segments.
$\mathscr{P} = [(2 \times \pi \times 5) \div 2] + [(2 \times \pi \times 3) \div 2] + 2 + 2$
$\mathscr{P} \approx 29{,}1$ cm.

• L'aire de la « couronne » est égale à l'aire du grand disque moins celle du petit. L'aire de la figure est égale à la moitié de l'aire de la couronne.
$\mathscr{A} = [(\pi \times 5 \times 5) - (\pi \times 3 \times 3)] \div 2$
$\mathscr{A} \approx 25{,}13$ cm^2.

3.

Le losange a ses côtés égaux donc
$\mathscr{P} = 4 \times 13 = 52$ cm.
Les diagonales du losange le partagent en quatre triangles rectangles dont les côtés perpendiculaires mesurent 12 cm et 5 cm.
$\mathscr{A} = [(12 \times 5) \div 2] \times 4 = 30 \times 4 = 120$ cm^2.

4.

La hauteur d'un triangle est la distance entre le sommet et la base, cette distance étant mesurée le long de la perpendiculaire à la base.

Cet exercice vous montre comment vous devez savoir lire la formule de l'aire du triangle : les deux triangles ont la même hauteur (7 cm) et leurs bases sont égales (8 cm). Ils ont donc la même aire.
$\mathscr{A} = (8 \times 7) \div 2 = 28$ cm^2.

5.

Pour rédiger une explication, il est souvent utile de donner des noms aux points ou aux droites ou aux cercles d'une figure.

Donnons un nom à chaque point de la figure :

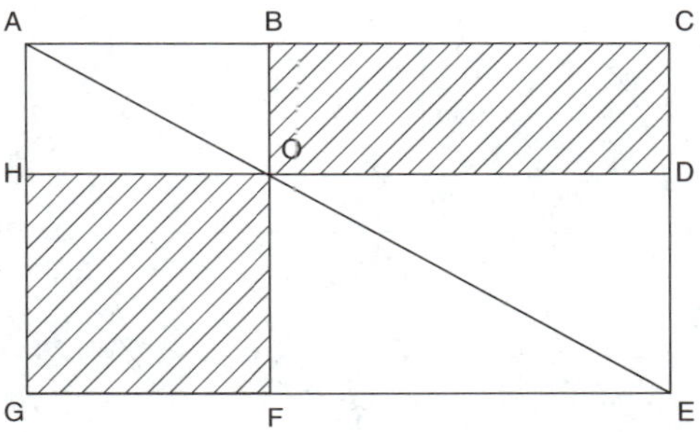

Afin d'écrire plus simplement, on note souvent l'aire d'une figure avec un $\mathscr{A}$ (comme aire) suivi, entre parenthèses, du nom de la figure. Par exemple $\mathscr{A}$ (TRI) désigne l'aire du triangle TRI.

$\mathscr{A}$ (BCDO) = $\mathscr{A}$ (ACE) – $\mathscr{A}$ (ABO) – $\mathscr{A}$ (ODE)
$\mathscr{A}$ (HOFG) = $\mathscr{A}$ (AEG) – $\mathscr{A}$ (AHO) – $\mathscr{A}$ (OFE)
mais certains triangles ont la même aire,
$\mathscr{A}$ (ACE) = $\mathscr{A}$ (AEG)
$\mathscr{A}$ (ABO) = $\mathscr{A}$ (AHO)
$\mathscr{A}$ (ODE) = $\mathscr{A}$ (OFE)
donc finalement $\mathscr{A}$ (BCDO) = $\mathscr{A}$ (HOFG)

Raphaël avait raison.

6.

Il faut, pour calculer l'aire du triangle, connaître à la fois la longueur d'une base et celle de sa hauteur. On choisit donc parmi les données AB et CK :
$\mathscr{A}$ = (AB x CK) ÷ 2 = (40 x 50) ÷ 2
$\mathscr{A}$ = 100 cm^2.

7.

Les dimensions du rectangle sont 13 cm et 8 cm donc son aire est 13 x 8 = 104 cm^2.
On calcule les aires des trois triangles rectangles :

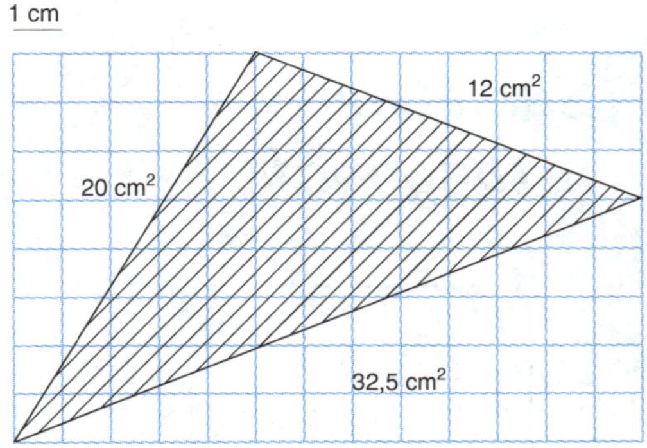

$\mathscr{A}$ = 104 – 20 – 12 – 32,5 = 39,5 cm^2.

test

1.

Un carré de 2,5 cm de côté	24 cm
Un rectangle de dimensions 5 cm et 2 cm.	10 cm
Un triangle équilatéral de 4 cm de côté	14 cm
Un losange de 3 cm de côté.	12 cm

2.

Un carré de 5 cm de côté	25 cm^2
Un rectangle de dimensions 5 cm et 2 cm.	10 cm^2
Un triangle de base 4 cm et de hauteur 7 cm	14 cm^2
Un rectangle de dimensions 3,5 cm et 4 cm.	28 cm^2

3. $\mathscr{A} = 5 + 4 \times \frac{1}{2} = 7$ cm^2.

4. $\mathscr{A}$ = 8 cm^2. Il suffit de « déplacer » les demi-disques de haut en bas pour compléter le rectangle de dimensions 4 cm et 2 cm.

5. Toutes les figures ont le même périmètre sauf la figure D.

6. 504,6 m = 5,046 hm.
0,045 cm^2 = 4,5 mm^2.
98 800 cm^2 = 9,85 m^2.

17 Symétrie orthogonale

1.

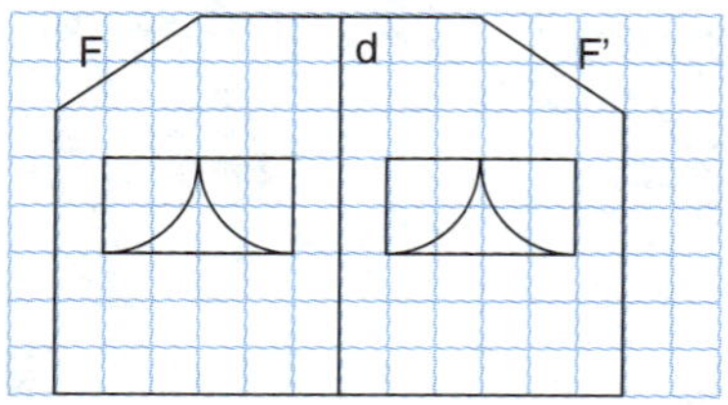

2.

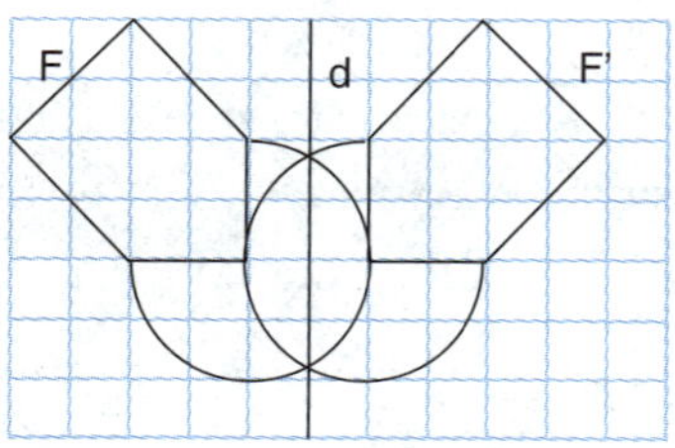

3.

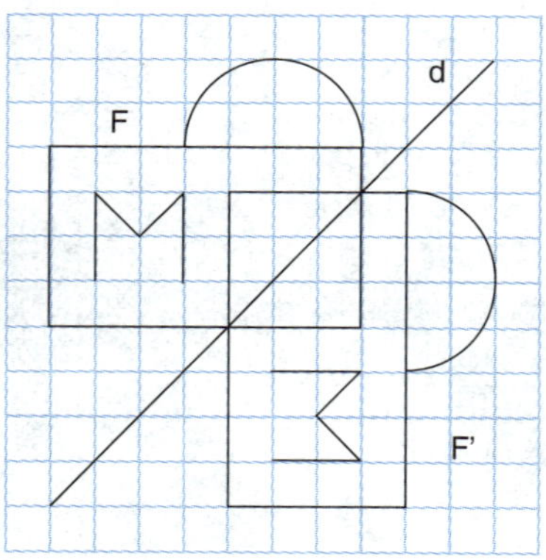

4.

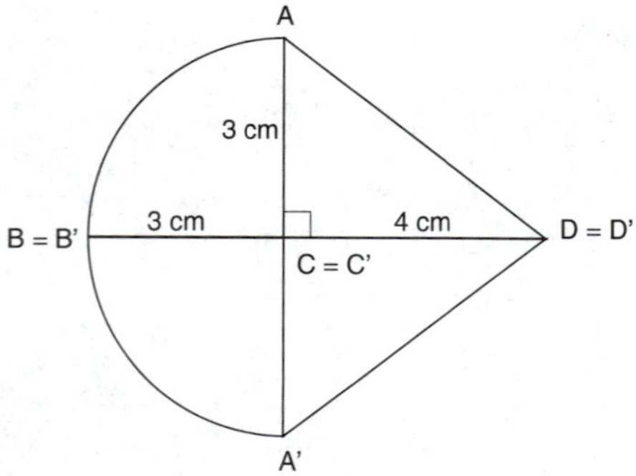

5.

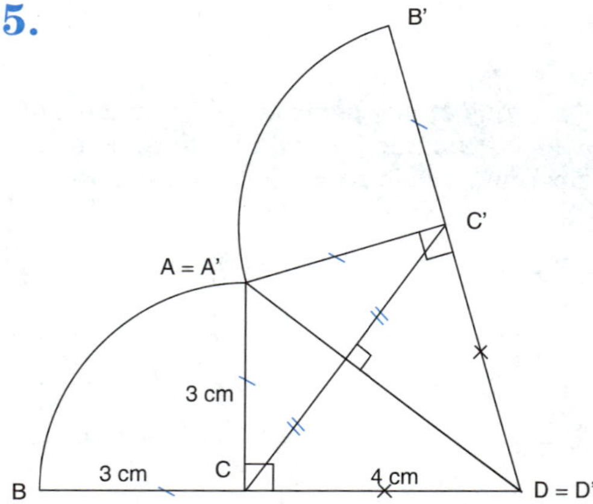

6.

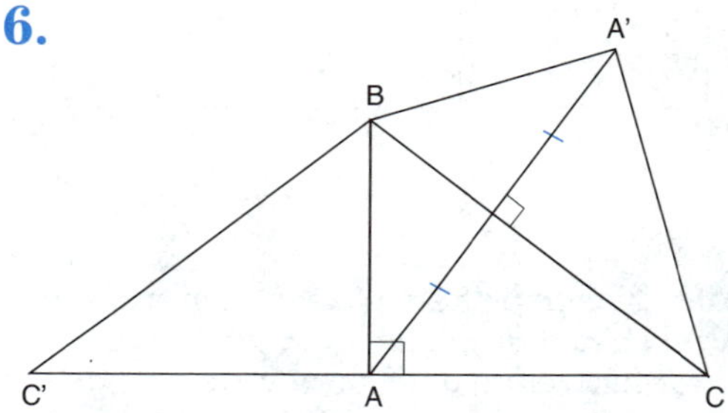

a) Le triangle BCC' est un triangle isocèle en B car les côtés [BC] et [BC'] sont symétriques donc il ont la même longueur.

Justifier signifie expliquer sa réponse.

c) $\mathscr{P}$ = AB + BA' + A'C + CA.
Mais, par symétrie, BA' = BA = 5 cm
et A'C = CA = 6 cm, donc $\mathscr{P}$ = 22 cm.
$\mathscr{A}$ (ABA'C) = $\mathscr{A}$ (ABC) + $\mathscr{A}$ (A'BC).
Mais, par symétrie, $\mathscr{A}$ (ABC) = $\mathscr{A}$ (A'BC).
$\mathscr{A}$ (ABC) = (5 x 6) ÷ 2 = 15 cm^2
donc $\mathscr{A}$ (ABA'C) = 30 cm^2.

7.

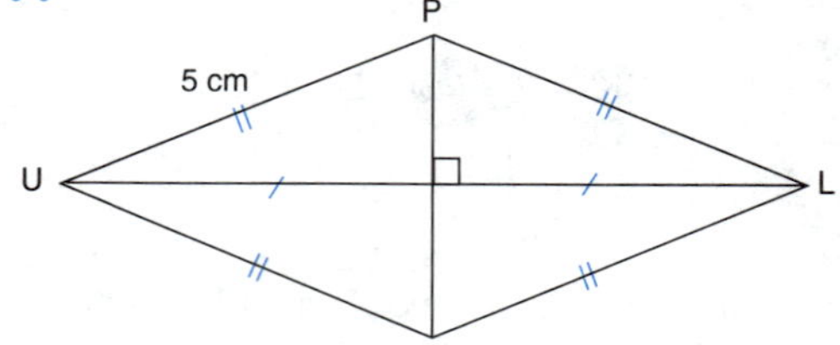

a) Il manque la donnée de PO pour construire ce triangle.

b) Par symétrie, les quatre côtés de LOUP sont égaux donc LOUP est un losange.
$\mathcal{P} = 4 \times 5 = 20$ cm.

8.

Les angles $\widehat{ITR}$ et $\widehat{RTO}$ sont symétriques, ils ont donc la même mesure et donc l'angle en $\widehat{ITO}$ mesure $2 \times 50 = 100°$.
Les angles $\widehat{I}$ et $\widehat{O}$ sont aussi symétriques donc ils ont la même mesure. Comme la somme des angles du triangle TOI est égale à 180°, les angles $\widehat{I}$ et $\widehat{O}$ mesurent 40°.

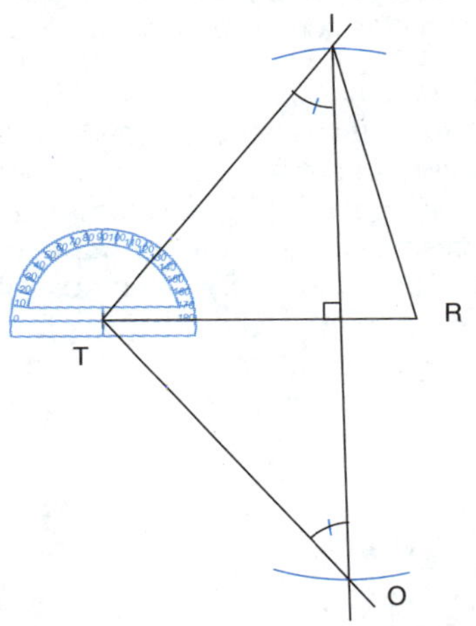

test

1. a) **vrai** ; 2) **faux** ; 3) **faux** ; 4) **vrai** ; 5) **faux** ; 6) **vrai**.

Attention, si M $\notin$ d, il faut à la fois que d coupe [MM'] en son milieu et que d soit perpendiculaire à (MM').

2.

3.

4. On construit E' avec l'équerre et le compas puis on peut utiliser les propriétés de la symétrie pour placer Y' sur [AE']. Pour construire le point S' avec le compas, tracez les segments [S'Y'] et [S'E'] et, enfin, tracez le demi-cercle symétrique.

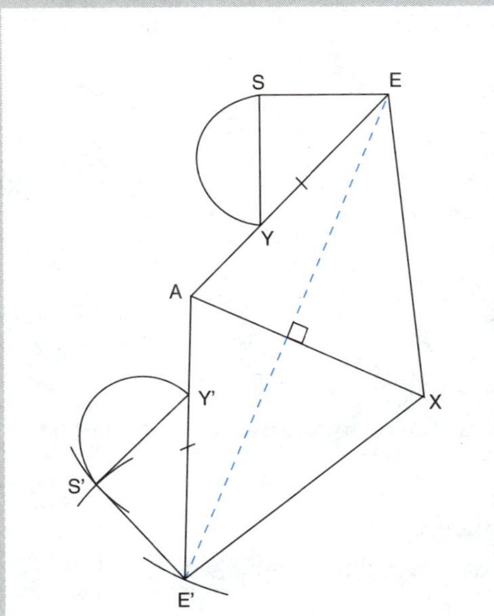

18 *Médiatrice, bissectrice*

1.

Le point I est le **milieu** du segment **[MM']**, la droite (SI) est **perpendiculaire** au segment [MM'] et passe par son milieu I donc (SI) est la médiatrice du segment **[MM']**. Autrement dit, M et M' sont **symétriques** par rapport à la droite (SI).
S est sur la médiatrice de [MM'] donc S est **équidistant** de M et M', SM = **SM'**, autrement dit, le triangle SMM' est **isocèle** en **S**.
[SM) et [SM') sont symétriques par rapport à (SI) donc la droite **(SI)** est la **bissectrice** de l'angle MSM', ainsi $\widehat{ISM'} = 30°$.

Attention, retenez les différentes propriétés de la médiatrice et celles de la bissectrice. Remarquez que dans un triangle isocèle la bissectrice de l'angle au sommet principal est la médiatrice de la base. Le triangle MSM' de l'exercice en est un exemple.

2.

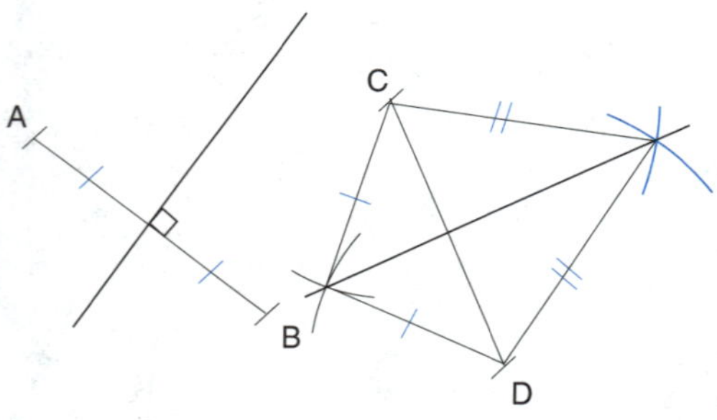

Il faut savoir faire ces deux constructions.

3.

Aviez-vous fait un croquis ?

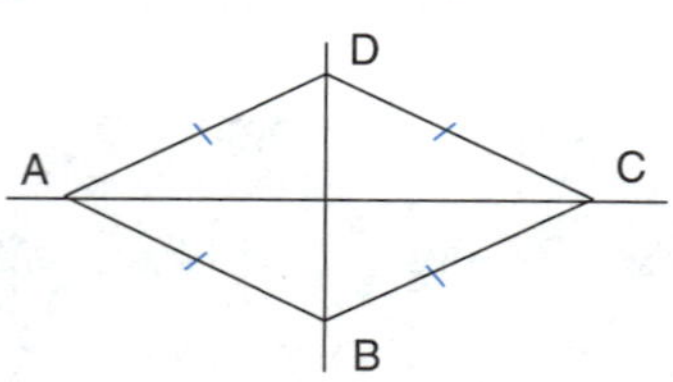

• Les longueurs AB et AD sont les longueurs de deux côtés du losange ABCD donc elles sont égales. Autrement dit, le point A est équidistant des deux points B et D donc le point A est sur la médiatrice de la diagonale [BD].
• Le point C l'est aussi pour la même raison : CB et CD sont deux côtés du losange.
• La diagonale (AC) passe par les deux points A et C équidistants de B et de D. Or la médiatrice du segment [BD] passe par tous les points équidistants de B et de D donc elle passe par A et C. Mais par les deux points A et C, il ne passe qu'une seule droite donc la diagonale (AC) est égale à la médiatrice de la diagonale [BD].

Remarquez qu'on peut expliquer cette propriété autrement. ABCD est un losange donc la diagonale (AC) est perpendiculaire à la diagonale [BD] et la coupe en son milieu. De ce fait (AC) est médiatrice de [BD].

4.

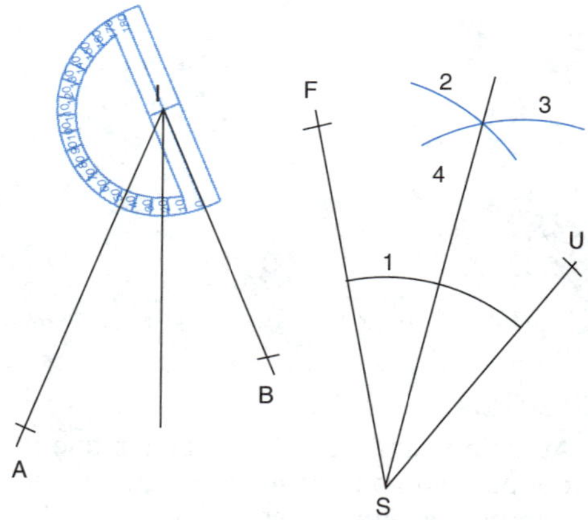

Il faut savoir faire ces deux constructions.

5.

Aviez-vous fait un croquis ?

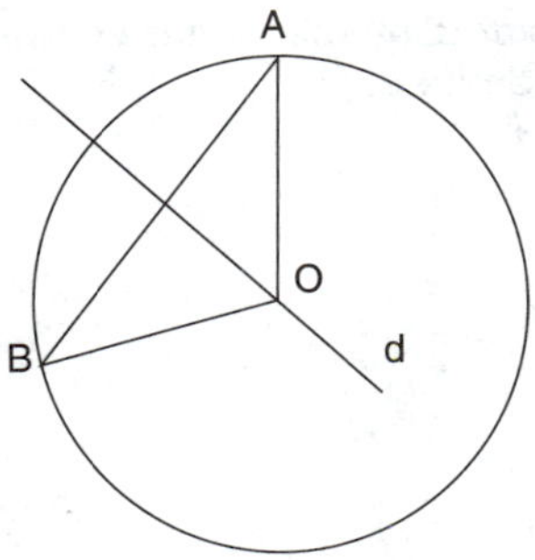

a) A et B sont deux points du cercle $\mathscr{C}$ qui a pour centre O donc [OA] et [OB] sont deux rayons du cercle $\mathscr{C}$. On sait que les rayons d'un cercle ont la même longueur donc on en conclut que OA = OB.
OA = OB signifie que O est équidistant de A et de B donc O est sur la droite **d** médiatrice du segment [AB].
b) O ∈ **d** donc O est invariant par la symétrie d'axe **d**, le symétrique de O par rapport à **d** est O.
L'angle $\widehat{AOB}$ a pour sommet O, O est sur **d** et A et B sont symétriques par rapport à **d** donc la droite d est l'axe de symétrie de l'angle $\widehat{AOB}$ c'est-à-dire sa bissectrice.

6. • Le périmètre du triangle RHS est égal à RH + HS + SR.
• H est sur la droite perpendiculaire à [RS] en son milieu donc H est équidistant de R et de S, RH = RS.
• RH = HS = 12 et RS = 2 x 10 = 20.
Ainsi, $\mathscr{P}$ = 12 + 12 + 20 = 44 cm.

test

1.

« **d** est la médiatrice de [BC] »	Figure 2
« **d** est la bissectrice de $\widehat{A}$ »	Figure 4

La figure 1 illustre la hauteur et la figure 3 illustre la médiane.

Ne confondez pas ces droites.

2. Pour construire le point C, on trace la demi-droite [AC] de façon que l'angle saillant formé par les deux demi-droites [AB] et [AC] soit partagé en deux angles égaux par (AA').

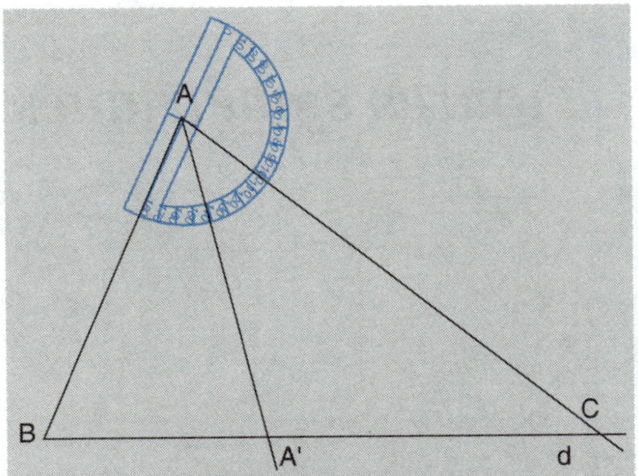

3. Pour que la droite (AA') soit la bissectrice de l'angle $\widehat{BAC}$ il faut que les demi-droites [AB] et [AC] soient symétriques par rapport à (AA'). On trace donc le symétrique de [AB]. C'est un point de cette demi-droite et de la droite **d** donc C est le point d'intersection.

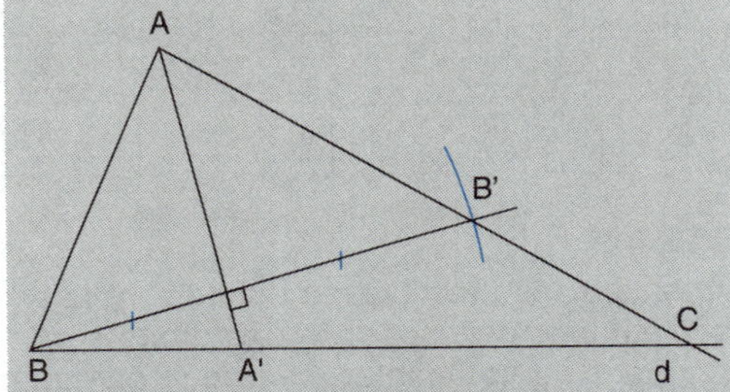

4. L'angle $\widehat{YXZ}$ mesure 50° = 180 – 90 – 40. La droite (XK) est la bissectrice de cet angle donc $\widehat{KXZ}$ = 25°.

5. L est sur **d** et sur la médiatrice de [BI].

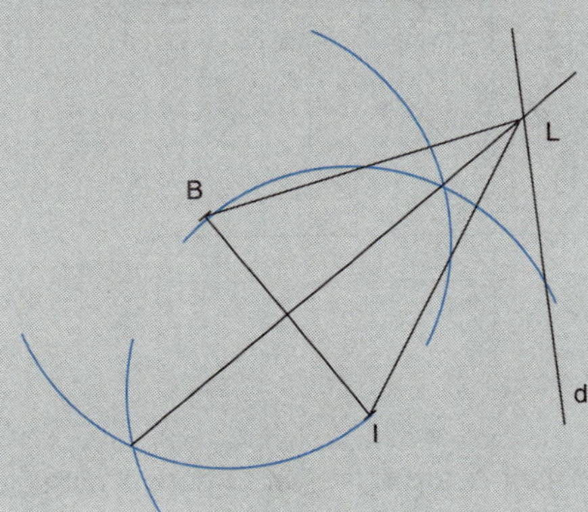

19 *Figures symétriques*

1.

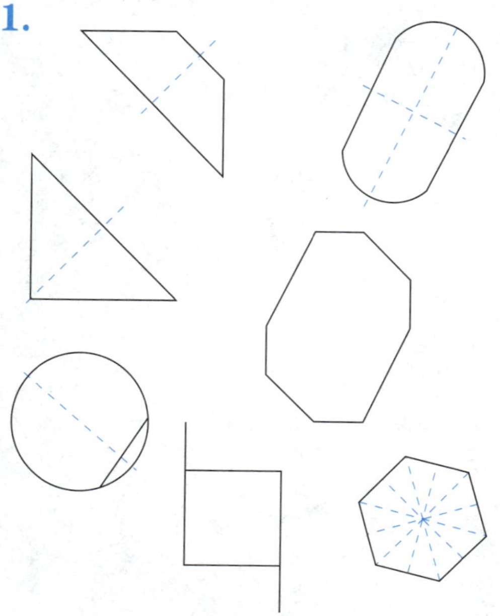

Attention, les deux figures qui ne sont pas symétriques par rapport à une droite sont pourtant « partageables » en deux parties superposables mais aucun des ces « partages » ne respecte toutes les conditions qui permettent d'affirmer qu'une figure est symétrique.

2.

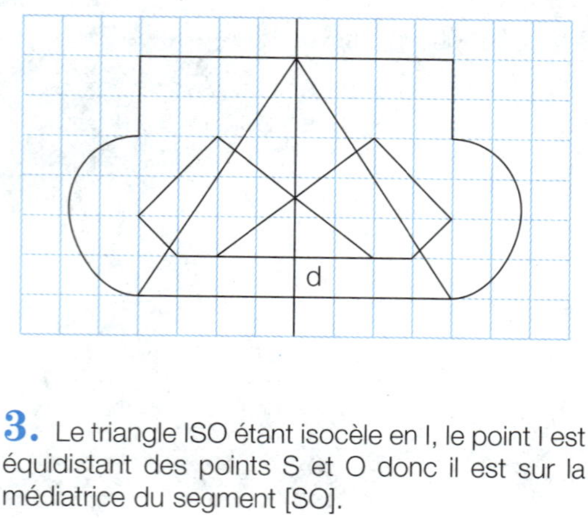

3. Le triangle ISO étant isocèle en I, le point I est équidistant des points S et O donc il est sur la médiatrice du segment [SO].

I est donc le point d'intersection de cette médiatrice et de la droite d.

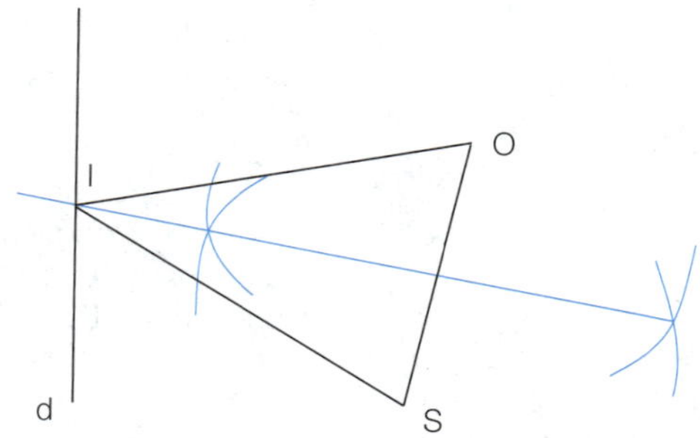

4. Les diagonales sont perpendiculaires et se coupent en leur milieu. On construit les trois autres sommets en utilisant cette propriété.

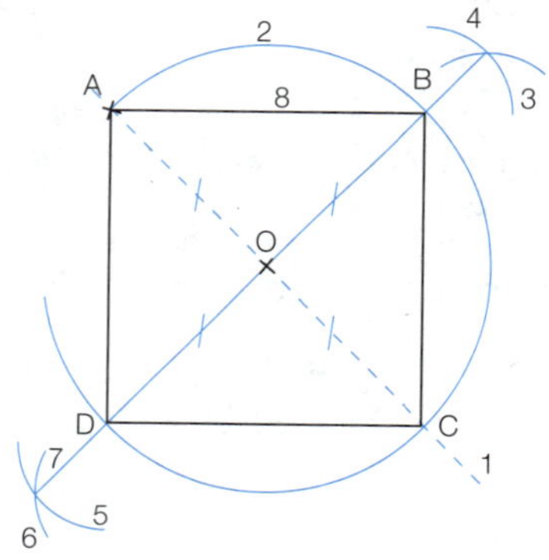

5. Les diagonales ont la même longueur et se coupent en leur milieu. On construit les trois autres sommets en utilisant cette propriété.

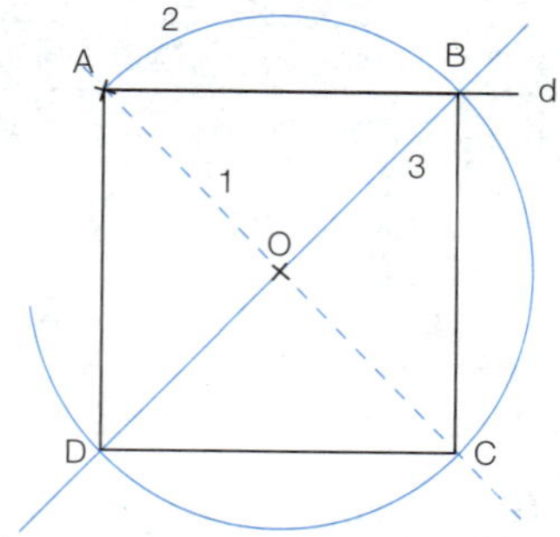

6. Le sommet E, par exemple, est symétrique de F par rapport à **d**, le sommet R est sur **d** et RF = FE.

On utilise ces trois propriétés pour construire le triangle. Il y a deux constructions possibles.

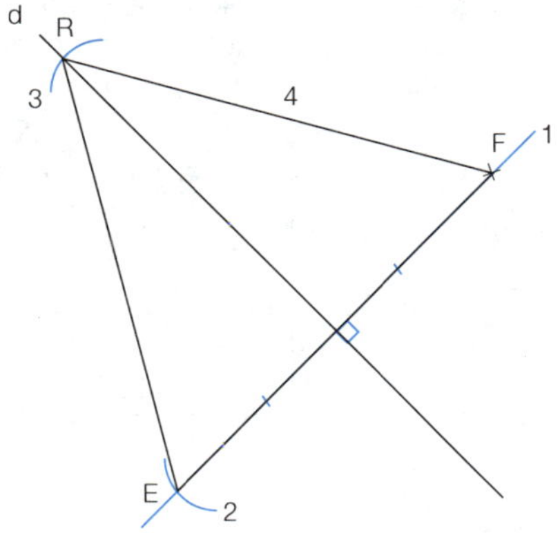

test

1.

	Juste	Faux
A		X
B		X
C	X	
D		X

Pour la figure B, Roman a oublié que le carré possède 4 axes de symétrie.

2. Pour que le triangle ABC soit symétrique par rapport à **d** il faut qu'un des sommets, A par exemple, soit sur **d**, et que les deux autres sommets soient symétriques par rapport à cette droite **d**.

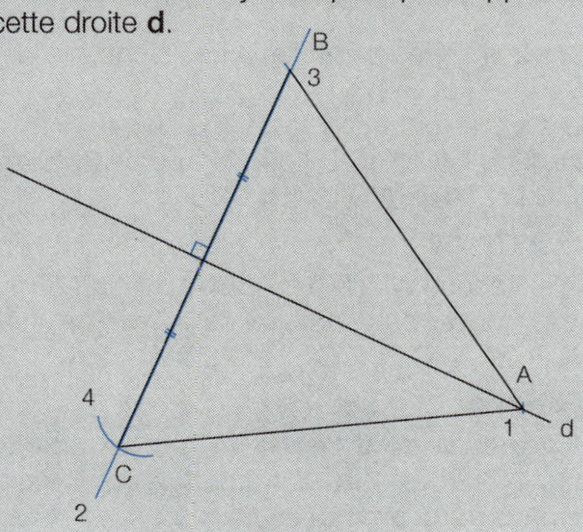

3. C est le symétrique de A par rapport à **d**, et D est le symétrique de B par rapport à (AC). On utilise ces propriétés pour construire le losange.

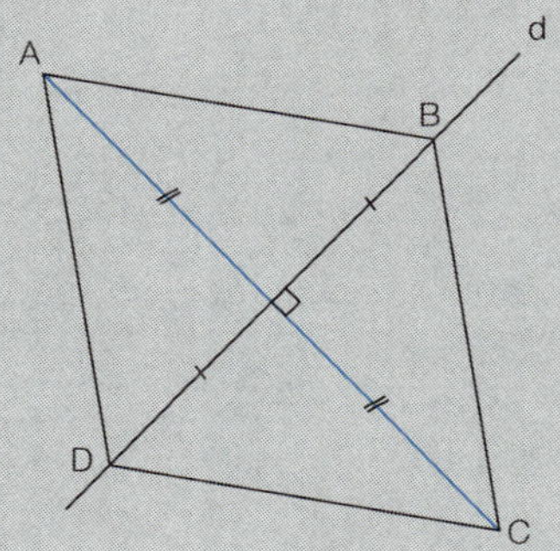

4.

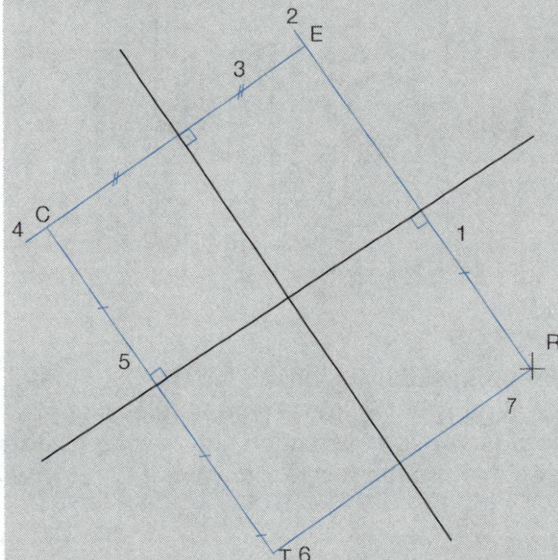

Il reste à tracer les côtés du rectangle, la figure ci-dessus montre les étapes de la construction : E le symétrique de R, C le symétrique de E puis T le symétrique de C.

5.

R C M K L O

20 Géométrie de l'espace

1.

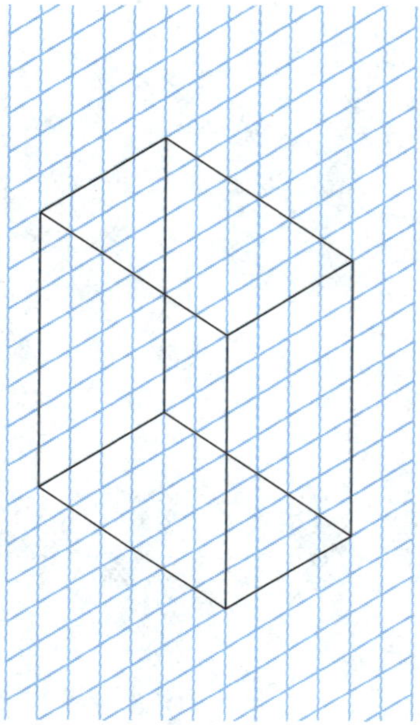

En perspective cavalière, les droites parallèles dans la réalité restent parallèles sur la représentation. Attention, ce n'est pas le cas des droites perpendiculaires.

2.

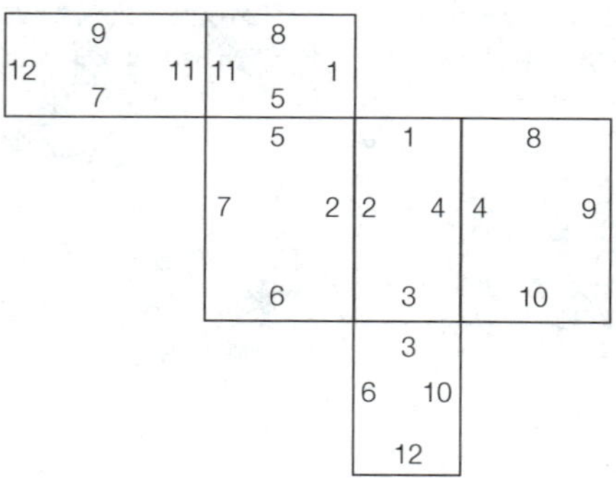

3. Pour dessiner le patron (développement) d'un pavé droit (parallélépipède rectangle) on peut se l'imaginer posé sur sa table et dessiner la face de dessous, de derrière, de devant…
Ici on peut imaginer qu'on représente le pavé dessiné à l'exercice 1, que le rectangle de droite est la face de dessous et que le grand rectangle est celle de gauche.

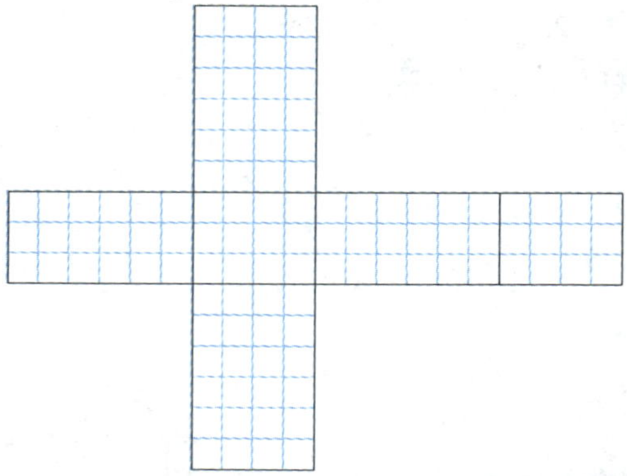

On aurait aussi pu dessiner :

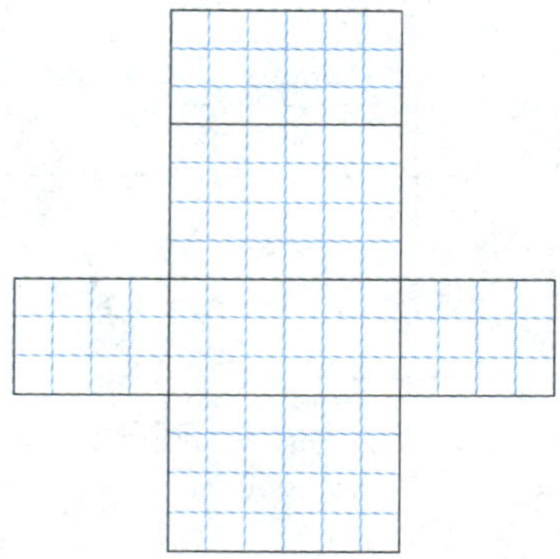

4. Rachel voit la figure C.

5. • Les arêtes parallèles à [BC] sont : [AD], [A'D'] et [B'C'].
• Les arêtes orthogonales à [CC'] sont : [CD], [C'D'], [CB], [C'B'] qui sont perpendiculaires à [CC'] et [AD], [A'D'], [AB], [A'B'].

6. a) La face parallèle à ABB'A' est DCC'D'.
b) Les faces perpendiculaires à ABB'A' sont ABCD, BB'C'C, A'B'C'D' et ADD'A'.

Habituez-vous à répondre aux questions des exercices 5 et 6 en changeant la position du pavé droit dessiné.

7. a) h comme hauteur, L comme longueur et p comme profondeur.
b) $\mathscr{V} = h \times L \times p = 1{,}8 \times 1{,}2 \times 0{,}6 = 1{,}296$ m^3.

N'oubliez pas de convertir les dimensions dans la même unité pour calculer une aire ou un volume.

c) Il faut additionner l'aire de chaque face :
– les deux faces de dimensions h et L,
– les deux faces de dimensions h et p,
– les deux faces de dimensions L et p.
$\mathscr{A} = 2 \times 1{,}8 \times 1{,}2 + 2 \times 1{,}8 \times 0{,}6 + 2 \times 1{,}2 \times 0{,}6$
$\mathscr{A} = 7{,}92$ m^2.

8. Il rentre dans la boîte 3 sucres en hauteur, 14 sucres en longueur et 4 sucres en profondeur :
$5{,}25 \div 1{,}75 = 3$; $17{,}5 \div 1{,}25 = 14$ et $11 \div 2{,}75 = 4$.
Au total il rentre donc $3 \times 14 \times 4 = 168$ sucres dans une boîte.
1 kg = 1 000 g et $1\,000 \div 168 = 5{,}95$ donc chaque morceau de sucre pèse environ 5,95 g.

test

1. A est un des **huit sommets** du pavé, ABCD est une des **six faces**, c'est un **rectangle**.
[BF] est une des **douze arêtes**, elle est **orthogonale** à [GH] et **perpendiculaire** à [BC] mais elle est **parallèle** à [CG].

2.

Les cubes sont des parallélépipèdes rectangles particuliers : les six faces sont des carrés.

Toutes les figures proposées permettent de construire un parallélépipède rectangle, sauf la deuxième.

Il y a de nombreuses façons de disposer les faces d'un pavé droit pour dessiner un développement.

3. Il faut convertir les cm em : 80 cm = 0,8 m.
$\mathscr{V} = 0{,}8 \times 1{,}25 \times 1{,}4 = 1{,}4$ m^3.

b) Il faut additionner l'aire de chaque face :
$0{,}8 \times 1{,}25 = 1$
$1{,}25 \times 1{,}4 = 1{,}75$
$0{,}8 \times 1{,}4 = 1{,}12$
$2 \times 1 + 2 \times 1{,}75 + 2 \times 1{,}12 = 7{,}74$
donc $\mathscr{A} = 7{,}74$ m^2.

4.

Pour dessiner en perspective il faut savoir tracer précisément des parallèles et des perpendiculaires. N'hésitez pas à faire quelques révisions à ce sujet si vous en avez besoin.

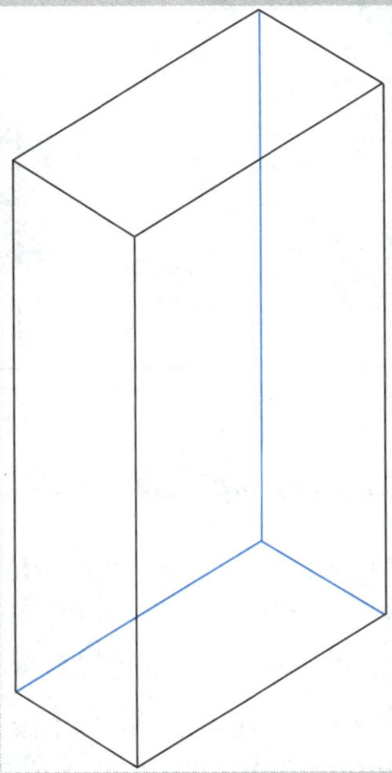

CORRIGÉS CORRIGÉS CORRIGÉS CORRIGÉS

LES SEGMENTS ET LES ANGLES

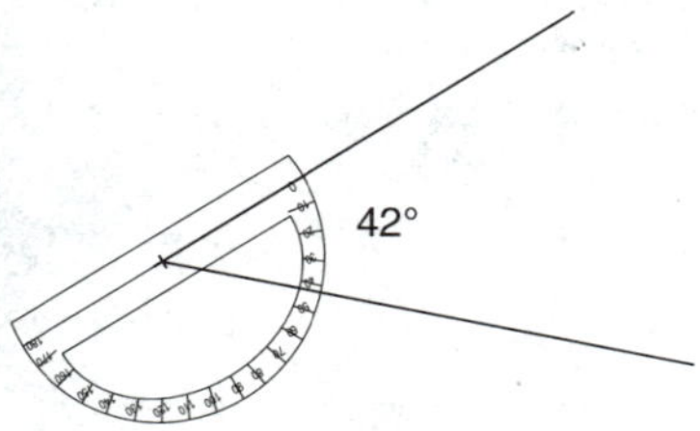

Mesure d'un angle

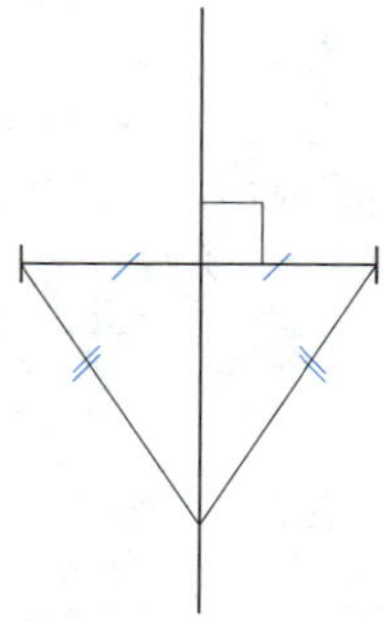

Médiatrice

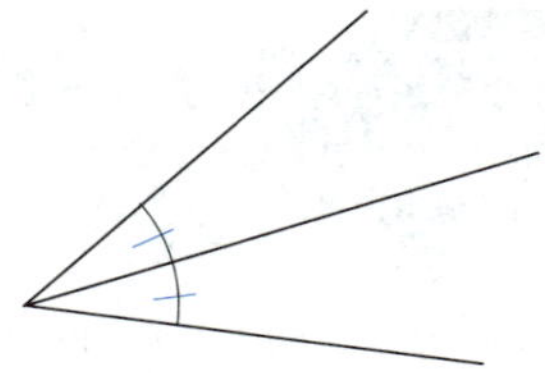

Bissectrice

- La médiatrice est un axe de symétrie du segment ; elle est perpendiculaire au segment et elle le coupe en son milieu. La médiatrice est constituée par tous les points équidistants des extrémités du segment.
- La bissectrice est un axe de symétrie de l'angle ; elle le partage en deux angles de même mesure.

LES TRIANGLES

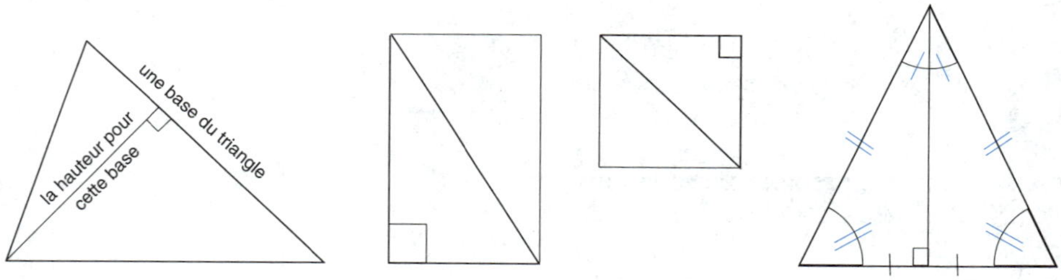

- *Aire d'un triangle* = $\dfrac{\textit{longueur d'une base} \times \textit{hauteur pour cette base}}{2}$
- Une diagonale d'un rectangle détermine deux triangles rectangles, une diagonale d'un carré détermine deux triangles rectangles isocèles.
- Un triangle isocèle a deux côtés égaux et deux angles égaux.

La hauteur issue du sommet principal est aussi la médiatrice de la base et la bissectrice de l'angle au sommet principal.

LES CERCLES

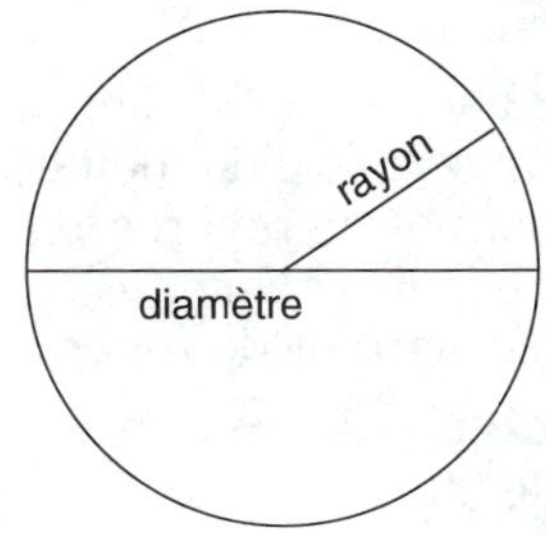

Le cercle est une ligne, l'intérieur d'un cercle est un disque.
Tous les rayons ont la même longueur.

Diamètre = 2 x *rayon*

Périmètre = 2 x π x *rayon* = π x *diamètre*

Aire = π x *rayon* x *rayon* = π x *rayon* ^{2}

LES QUADRILATÈRES

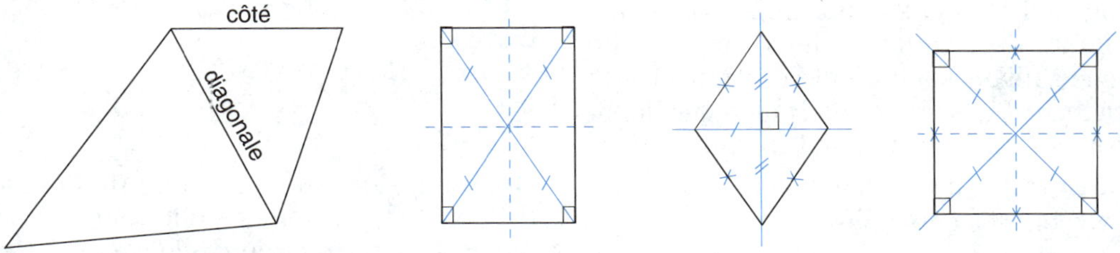

Quadrilatère **Rectangle** **Losange** **Carré**

■ PÉRIMÈTRE

Quadrilatères : $\mathscr{P}$ = *somme des quatre côtés*
Rectangle : $\mathscr{P}$ = 2 x *Longueur* + 2 x *largeur* = 2 x (*Longueur* + *largeur*)
Losange et carré : $\mathscr{P}$ = 4 x *côté*

■ AIRES

Rectangle : $\mathscr{A}$ = *Longueur* x *largeur*
Carré : $\mathscr{A}$ = *côté* x *côté* = *côté* ^{2}

LES PARALLÉPÉPIPÈDES RECTANGLES

■ SYNONYMES

Pavé droit et parallépépipède rectangle
Patron et développement

■ DESCRIPTION

Le pavé droit possède 8 sommets, 12 arrêtes et 6 faces rectangulaires.
Le cube est un pavé dont les faces sont toute carrés.

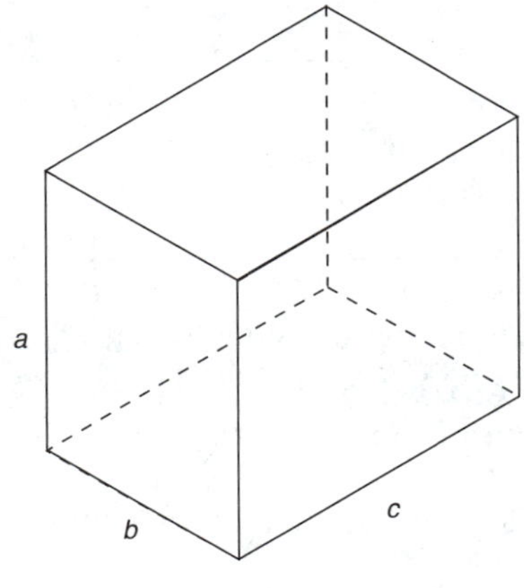

■ FORMULES

$\mathscr{V} = a \times b \times c$ $\mathscr{A} = 2 \times (ab + ac + bc)$

A

Abscisse (9) : sur une droite graduée, l'abscisse d'un point est le nombre qui permet de repérer le point. Dans un plan, c'est le premier des deux nombres qui permettent de repérer le point.

Aigu (13) : un angle aigu mesure moins de 90°.

Aire (16) : pour donner l'aire d'une surface, il faut donner un nombre et une unité.

Angle (13) : deux demi-droites de même origine déterminent deux angles, un angle saillant et un angle rentrant. Cette origine est le sommet de l'angle, les demi-droites sont les côtés de l'angle.

Arête (20) : les arêtes d'un cube ou d'un pavé sont les côtés des faces.

Arrondi (6) : π est plus proche de son approximation décimale au dixième par défaut (3,1) que de son approximation décimale au dixième par excès (3,2) donc l'arrondi au dixième de π est 3,1.

Axe de symétrie d'une figure (19) : une droite est un axe de symétrie d'une figure si chacun de ses points a pour symétrique un de ses points.

B

Base (14) : côté d'un triangle.

Bissectrice (18) : la bissectrice d'un angle est l'axe de symétrie de cet angle.

C

Carré (15) : un quadrilatère qui a quatre angles droits et quatre côtés égaux est un carré.

Cercle (12) : un cercle est formé par tous les points situés à la même distance du centre, cette distance est <u>le</u> rayon du cercle.

Chiffre (1) : les dix chiffres (0, 1, 2, ...,9) permettent d'écrire tous les nombres entiers dans le système de numération décimale. Le nombre 4 s'écrit à l'aide d'un seul chiffre : 4.

Confondu (11) : en géométrie, synonyme d'égal.

Coordonnées (9) : dans un plan, couple des deux nombres qui permettent de repérer le point.

Corde (12) : un segment délimité par deux points d'un cercle est une corde de ce cercle.

Croissant (6) : croître signifie grandir ; l'ordre croissant est le classement du plus petit au plus grand.

Cube (20) : solide délimité par six faces carrées.

D

Décimal (1) : un décimal ou un nombre décimal est un nombre qui peut s'exprimer avec une fraction décimale ; c'est un nombre entier d'unités ou de dixièmes ou de centièmes…

$\frac{7}{5}$ est un décimal car $\frac{7}{5} = \frac{14}{10} = 1{,}4$.

Décroissant (6) : l'ordre décroissant est le classement du plus grand au plus petit. Voir *croissant.*

Demi-droite (11) : elle a une seule extrémité. L'extrémité d'une demi-droite est un point qu'on appelle l'origine de la demi-droite.

Dénominateur (2) : 4 est le dénominateur de la fraction $\frac{3}{4}$, il nomme les parties de l'unité (quarts) qui composent le nombre, il s'écrit sous la barre de fraction.

Développement (20) : après certains découpages, on peut parfois « mettre à plat » la surface d'un solide, on dit alors qu'il est développable et l'on appelle *développement* la figure plane obtenue.

Diamètre (12) : une corde ou une droite qui passe par le centre est <u>un</u> diamètre du cercle.

Différence (4) : la différence est le résultat d'une soustraction.

Disque (12) : la distance entre un point du disque et le centre du cercle qui délimite ce disque est inférieure ou égale au rayon.

Droite (11) : une droite est composée de points, elle réalise toujours le plus court chemin entre deux de ses points, elle n'a pas d'extrémité.

E

Équidistant (18) : un point est équidistant des extrémités d'un segment s'il est à la même distance des deux extrémités.

F

Face (20) : les faces d'un solide sont les figures planes qui le délimitent.

Facteur (5) : les nombres qu'on multiplie sont les facteurs de la multiplication.

Figure symétrique (19) : une figure est symétrique s'il existe un axe de symétrie de cette figure.

Fraction décimale (3) : une fraction décimale a pour dénominateur une puissance de 10 : 1, 10, 100, 1000...

H

Hauteur (14) : dans un triangle, droite perpendiculaire à la base et passant par le sommet (il y a trois hauteurs), la hauteur coupe la base en un point appelé pied de la hauteur. La hauteur désigne aussi la distance entre le sommet et le pied de la hauteur.

Hauteur (20) : dans un pavé droit, longueur d'une des arêtes perpendiculaires à la base.

L

Losange (15) : un quadrilatère qui a ses quatre côtés égaux est un losange.

M

Médiatrice (18) : la médiatrice d'un segment est la droite perpendiculaire à ce segment qui le coupe en son milieu.

Milieu (11) : le milieu d'un segment est le point situé sur ce segment et équidistant (à égale distance) des extrémités.

N

Négatif (9) : nombre inférieur à zéro.

Numérateur (2) : 3 est le numérateur de la fraction $\frac{3}{4}$, il indique le nombre de quarts et s'écrit au-dessus de la barre de fraction.

O

Obtus (13) : un angle obtus mesure plus de 90° mais moins de 180°.

Opposés (9) : deux nombres opposés ne diffèrent que par leurs signes. La somme de deux opposés est égale à zéro.

Ordonnée (9) : dans un plan, l'ordonnée d'un point est le second des deux nombres qui permettent de repérer le point.

P

Parallélépipède rectangle (20) : synonyme de pavé droit.

Parallèles (11) : dans le plan, deux droites sont parallèles si elles ne sont pas sécantes ; soit elles n'ont aucun point commun, soit elles sont confondues.

Patron (20) : synonyme de *développement*.

Pavé droit (20) : solide délimité par six faces rectangulaires.

Perpendiculaires (11) : deux sécantes qui forment un angle droit sont perpendiculaires.

Points symétriques (17) : deux points sont symétriques par rapport à une droite si cette droite est la médiatrice du segment limité par ces points.

Positif (9) : un nombre positif est supérieur à zéro.

Produit (5) : le produit est le résultat d'une multiplication.

Q

Quadrilatère (15) : un quadrilatère est un polygone déterminé par quatre côtés.

Quotient (5) : le quotient est le résultat d'une division.

R

Rayon (12) : le segment délimité par un point d'un cercle et son centre est un rayon de ce cercle.

Rectangle (15) : un quadrilatère qui a quatre angles droits est un rectangle.

Relatif (9) : les positifs et les négatifs sont réunis pour former l'ensemble des relatifs.

Rentrant (13) : un angle rentrant mesure plus de 180°.

S

Saillant (13) : un angle saillant mesure moins de 180°.

Sécantes (11) : deux droites qui ont un seul point commun (même s'il n'est pas sur le dessin) sont sécantes, ce point est le point d'intersection des deux droites.

Segment (11) : il a deux extrémités.

Somme (4) : la somme est le résultat d'une addition.

Sommet (20) : les sommets d'un cube ou d'un pavé sont les sommets des faces.

Supplémentaire (13) : la somme des mesures de deux angles supplémentaires est égale à 180°.

Symétrique d'une figure (17) : la figure symétrique F' d'une figure F est composée de tous les points symétriques des points de F.

T

Terme (4) : les nombres qu'on ajoute ou qu'on soustrait sont les termes de l'addition ou de la soustraction.

Triangle (14) : un triangle est un polygone déterminé par trois sommets.

Les numéros renvoient au chapitre correspondant à la notion.

Imprimé en France par IFC. Saint-Germain-du-Puy 18390.
N° éditeur : 10081970- (VII) - (35,5) - OSBB - 80°.
Dépôt légal Décembre 2000. N° d'imprimeur : 00/1096